„Hundemensch“

Antonia und Hanna Überschaer

„Hundemensch“

Für ein neues Leben mit Hunden

F&O

Impressum

Bibliografische Informationen der Deutschen Nationalbibliothek
Die Deutsche Nationalbibliothek verzeichnet diese Publikation in der Deutschen Nationalbibliografie; detaillierte bibliografische Daten sind im Internet über
http://dnb.d-nb.de abrufbar.

ISBN: 978-3-95693-055-3 (Print) // 978-3-95693-056-0 (E-Book)

Grafisches Gesamtkonzept, Titelgestaltung, Satz und Layout: Stefan Berndt
Titellabbildung: Shutterstock.com / RossHelen

www.fredundotto.de

Freundschaft: www.facebook.com/fredundotto

Inhalt

Vorwort von Antonia Überschaer

Seit langer Zeit fasziniert es mich, Menschen zu beobachten, die, mit anderen Dingen beschäftigt, meinen Blick nicht bemerken. Mich sprechen die kleinen Eigenheiten an, Lachfältchen, Grübchen, ein schiefer Zahn, eine Haarsträhne, die – von der Person unbemerkt – plötzlich ins Gesicht fällt und gerade deshalb die einzigartige persönliche Ausstrahlung unterstreicht. In solchen Momenten glaube ich, das Wesen dieses Menschen klar zu erkennen, sozusagen sein wahres Gesicht, das völlig unbewusst und unverstellt ist. Wie mit einem inneren Fotoapparat speichere ich dann in meinem Kopf Bilder ab, die sich aus der Situation heraus ergeben.

Als junge Frau wollte ich Fotografin werden und Menschen auf natürliche Weise festhalten. Ich hatte den Traum, mit meiner Kamera unterwegs zu sein, um Menschen mit ihrem Charakter auf einem Foto einzufangen. Die Fotografin Barbara Klemm mit ihren charakteristischen Schwarz-Weiß-Fotos war mein großes Vorbild. Doch mein Lebensweg verlief dann anders, und so sammelte ich Erfahrungen als Homöopathin, Mutter von zwei Kindern, Hundebesitzerin und schließlich Züchterin und Gründerin meines eigenen Zuchtprojekts, immer mit unendlich vielen Bildern im Kopf.

Meine Tochter Hanna war es, die mit unermüdlicher Zielstrebigkeit den Wunsch nach einem eigenen Hund verfolgte. So kamen wir zu unserer ersten Kromfohrländerhündin, „Dorle". Auch jetzt, nachdem wir längst Besitzer dreier Hunde sind und unter anderem Welpen aufziehen, arbeiten Hanna und ich immer zusammen und ergänzen einander.

Hanna hat mich bei der Umsetzung dieses Buchprojekts in vielerlei Hinsicht unterstützt und motiviert. Mit Hanna konnte ich über alle Gedanken und Ideen sprechen, und mit ihrer sensiblen und klaren Sprache half sie mir immer, dies auch in Worte umzusetzen. Viele Kapitel sind von ihr oder gemeinsam mit ihr verfasst, und wir teilen die meisten alltäglichen Erfahrungen mit unseren Hunden. So fließen Bilder und Worte in ein Buch mit dem Ziel, das Bewusstsein für den eigenen Hund zu öffnen. Wir erleben jeden Tag, wie die Tiere durch ihre feinfühlige Wahrnehmung und Empathie alle sichtbaren und unsichtbaren Vorgänge in uns aufnehmen und widerspiegeln. Von unseren Hunden können wir so viel über uns selbst lernen.

Wir wollen keine wissenschaftlichen Fakten vermitteln, sondern direkt die Gefühlsebene ansprechen. Ähnlich wie das ein Hund bei seinem ihm anvertrauten Besitzer. So erschließt sich dem Menschen eine Perspektive, die uns eröffnet, wie sehr wir eine beinahe symbiotische Beziehung zu unseren Hunden haben, lernen und prägen. Hunde sind ein Spiegel unserer selbst.

Kapitel 1

Rebellin – oder wie alles begann

Nach einer jahrelangen Wartezeit durften wir im Oktober 2011 endlich unsere kleine Kromfohrländerhündin Dorle bei ihrer Züchterin abholen und zu uns mit nach Hause nehmen. Diese lange Zeit des bangen Abwartens lehrte mich Geduld, Vertrauen und Beharrlichkeit und stärkte meine Überzeugung, dass es für uns irgendwann einmal genau den richtigen Hund geben würde. Bei unserem ersten Besuch bei einer Züchterin wurde ich herausgefordert, weil sie mir die Zusage für eine wunderhübsche Hündin gab. Allerdings führte sie kurze Zeit später ein Gespräch mit mir, in dem sie mir ihre Zweifel, dass dieser Welpe wirklich der richtige für uns sei, mitteilte. Die sehr temperamentvolle Hündin, meinte sie, würde meinem Wunsch nie so ganz entsprechen, suchte ich doch einen ausgeglichenen, ruhigen Familienhund. Damit gab mir die Züchterin zu verstehen, was auf mich zukommen würde, und sie stellte mich vor die Wahl. Also musste ich schweren Herzens mir – und meinen Kindern – klarmachen, dass gar kein Hund besser wäre, als einer, der nicht zu uns passte. Aus Erfahrung wusste ich, dass man nichts im Leben erzwingen sollte, sondern besser auf den richtigen Zeitpunkt wartet, und so stand ich zu meiner Entscheidung. Es gab natürlich Tränen, und zum Teil war ich auch selbst verunsichert, ob ich das Richtige tat. Ich wollte nicht wieder, wie schon zuvor zweimal in meinem Leben, den Fehler begehen, die weitreichende Entscheidung für einen Hund mit Unsicherheit zu treffen. Tief in meinem Inneren spürte ich jedoch, dass es irgendwo eine Hündin geben würde, die zu uns gehörte, und auf sie wollte ich warten. Heute bin ich selbst Züchterin und erlebe immer wieder, dass es sich lohnt, wenn man Zeit und Geduld mitbringt.

Unsere Geduld wurde jedoch in der Folgezeit erneut auf eine harte Probe gestellt. Etwa ein Jahr nach dieser Enttäuschung lernte ich eine andere Züchterin kennen und wusste sofort, dass ich nun den richtigen „Hundemensch" gefunden hatte. Wir waren einfach persönlich auf derselben Ebene, und mir wurde bewusst, dass einer ihrer liebevoll und fürsorglich aufgezogenen Welpen ein ganz besonderes Geschenk ist.

Dass es dann aber doch noch sehr lange dauern würde, ahnten wir damals nicht. Nachdem ihre nächsten Würfe zuerst keine Hündin und dann nur einen einzigen Welpen brachten, der zu allem Unglück mit vier Wochen verstarb, waren wir oft traurig und verzweifelt. Trotz allem blieb ich bei meiner Entscheidung, auf den richtigen Hund zu warten, und wir wurden nach über zwei Jahren endlich für unsere Geduld belohnt.

Als Dorle als Welpe zu uns kam, war sie ein in sich ruhender und anhänglicher, oft aber ängstlicher und unsicherer Hund, den mir ihre Züchterin nur anvertraute, weil sie wusste, dass ich Dorle immer in meiner Nähe haben würde. Ich nahm sie auch mit in die Praxis, und ließ sie vor allem zu Beginn nie alleine. Wir übten kleine Trainingseinheiten von ein paar Minuten, um sie auf das Alleinbleiben vorzubereiten, aber selbst zum Einkaufen durfte sie im Auto mitfahren. Eines Tages jedoch entschied Dorle selbständig, als sie meine Vorbereitungen zu einer Einkaufsfahrt beobachtete, es wäre für sie schöner, zu Hause in ihrem weichen Bett zu warten. Ihr Vertrauen in mich war offensichtlich so weit gewachsen, dass sie wusste, ich würde sie niemals im Stich lassen.

Im ersten Jahr versuchte ich also, ihr viel Schutz und Sicherheit zu geben, und konfrontierte sie mit möglichst vielen für sie zunächst bedrohlichen Situationen. Alles, was ihr unbekannt war, machte ihr erst einmal Angst, von Gittern im Boden bis hin zur Müllabfuhr oder Silvesterknallerei. Weil negative Erfahrungen ausblieben, lernte sie, uns und insbesondere sich selbst zu vertrauen. Auch in der Hundeschule wurde sie sanft und sensibel geführt, aber nie verhätschelt, sondern immer wieder herausgefordert. Das ist die Kunst bei der Prägung und Erziehung eines ängstlichen Hundes: Anstatt zu versuchen, das Tier vor allen Bedrohungen zu schützen und zu trösten und es dadurch in seiner Angst zu bestärken, gilt es, ihm ein Gefühl der Stärke und Sicherheit zu vermitteln. Denn jeder Hund, vor allem wenn er noch im Welpenalter ist, orientiert sich an seiner Bezugsperson, an der er sein Verhalten ausrichtet. Man kann ihm nichts vormachen, denn er durchschaut es sofort, wenn man insgeheim selber Angst bei jeder Begegnung mit anderen Hunden hat und schon nervös wird, wenn sich auch nur ein Spaziergänger nähert. Der Hund merkt meine Anspannung und übernimmt sie. Wenn ich mich manchmal während Dorles Ausbildung in der Hundeschule fragte, was es denn bringen sollte, dass mein Hund minutenlang am anderen Ende einer Wiese auf mich wartet, ohne sich zu bewegen, spürte Dorle das und stand auf. Nur zu oft fuhr ich dann etwas frustriert nach Hause, weil mein Hund nicht nur alles spürte, sondern auch noch scheinbar meine Gedanken lesen konnte.

Doch es ist nicht nur der Hund, der unsere Gedanken und Gefühle durchschaut, sondern auch wir können in seinem Verhalten unsere eigene Einstellung wiedererkennen. In den ersten zwei Jahren intensiver Beschäftigung lernte ich mit Dorle ungemein viel über mich selbst. Sie ist sensibel und vorsichtig, aber auch eine stille Rebellin, die genau weiß, was sie will. Sie ist sich ihrer Grenzen bewusst, und doch lässt sie sich niemals von ihrem Instinkt abbringen. Mit ihr hatte ich eine Gefährtin an meiner Seite, die sofort erkannte, was ein Mensch dachte und wie er in Wirklichkeit war. Nur war sie schon viel weiter als ich. Sie verließ sich hundertprozentig auf ihre Intuition, während ich meinen Gefühlen oft nicht vertraute.

Als Dorle zwei Jahre alt war, planten wir als neue Zuchtstätte unseren ersten Wurf. Sobald wir zum Decken bei dem auserwählten Rüden ankamen, wurde klar, dass Dorle von diesem hübschen und lieben Bräutigam nichts wissen wollte. Schon bei der ersten Kontaktaufnahme und während der gesamten Zeit, die wir dort verbrachten, durfte er sich ihr nicht einmal nähern. Nichts konnte sie dazu bewegen, ihn auch nur eines Blickes zu würdigen. Enttäuscht verließ ich die netten Besitzer des Rüden und musste zu Hause den wartenden Interessenten für die Welpen absagen. Ich konnte einfach nicht verstehen, was mit Dorle los gewesen war. Das erfuhr ich erst Wochen später, als ich eine Nachricht der Besitzerin dieses Rüden erhielt: Trotz vieler vorgeschriebener Gesundheitsprüfungen vor dem Deckeinsatz war eine schwere Krankheit diagnostiziert worden. Wie dankbar war ich meinem störrischen Mädchen, das scheinbar schon viel früher bemerkt hatte, dass etwas nicht stimmte. Obwohl sie damals noch eine sehr junge und unerfahrene Hündin war, konnte sie erkennen, dass eine Verpaarung nicht gut gewesen wäre. Ein Jahr später – bei einem zweiten Versuch mit einem anderen Rüden – verliebte sich Dorle auf Anhieb, das Decken verlief problemlos, und unsere Hündin bekam vier kerngesunde Welpen.

Eine ähnliche Situation erlebte ich noch einmal zwei Jahre später. Wieder missachtete Dorle den von uns Menschen ausgewählten Rüden. Auch hier stellten wir erst sehr viel später fest, dass die Verpaarung nicht ratsam gewesen wäre. Beim nächsten Rüden im folgenden Jahr war Dorle dagegen erneut sofort bereit, sich zu verlieben, und warf vier wunderschöne Welpen.

Dorle hat mein Leben sehr verändert. Seit sie bei uns ist, bin ich ebenfalls rebellischer geworden. Ich weigere mich, Dinge zu tun, die mir schaden, und konfrontiere Menschen mit der Gewissheit, dass ich nicht manipulierbar bin. Noch vor wenigen Jahren hätte ich mir nie träumen lassen, dass ich eines Tages den Mut und die Energie aufbringen würde, mich von einem Zuchtverein zu lösen, mit dessen Ansichten und Werten ich nicht übereinstimme, und mein eigenes unabhängiges Zuchtprojekt auf die Beine zu stellen. Voller Freude und Dankbarkeit lebe ich mit Dorle an meiner Seite und vertraue ihrem Instinkt mittlerweile hundertprozentig in allen ihren Entscheidungen.

Wie erkenne ich eine rebellische Veranlagung bei meinem Hund?

- Er befolgt vielleicht nicht immer alle Befehle und das nicht aus Sturheit oder Provokation, sondern er umgeht sie mithilfe seiner Intelligenz, wenn er den Sinn der Anweisungen nicht einsieht und findet von sich aus eigene, sinnvolle Lösungen.

- Er hat Probleme mit Aufgaben, die stupiden Gehorsam und Wiederholungen beinhalten, und blüht stattdessen bei kreativer, selbständiger Arbeit auf.
- Im Umgang mit anderen Hunden nimmt er souverän eine Führungsrolle ein.
- Er entscheidet selbstbewusst und instinktsicher, welchen Artgenossen oder Menschen er seine Aufmerksamkeit oder Zuwendung schenkt.

Wie beschäftige ich einen rebellischen Hund auf sinnvolle Weise?

- Wer die Körpersprache und den Gesichtsausdruck seines Hundes aufmerksam beobachtet, erkennt sehr schnell, ob ihm etwas gefällt oder nicht. Statt eintönigen Apportierspielen interessieren ihn vielmehr Aktivitäten, die seine Intelligenz und die Fähigkeit, eigenständig Probleme zu lösen, herausfordern. Es gibt zum Beispiel Intelligenzspiele, bei denen der Hund mithilfe von Nase und Pfoten Fächer öffnen muss, um an Futter zu gelangen.
- Ich muss mich auf die intelligenten Lösungen einlassen, die mein Hund entwickelt, und damit weiterarbeiten. Hunde lassen sich nicht in ein festes Schema pressen, wollen vielmehr ihren eigenen Beitrag zur Aktivität leisten. Es gibt in der Hundeerziehung eine Übung, bei der das Tier „bei Fuß“ neben dem Menschen sitzen muss, und zwar möglichst nah am Bein und unter ständigem Blickkontakt. Musste Dorle diesen Befehl befolgen, gab es immer Kritik von der Trainerin, denn unser Hund

weigerte sich, wie gewünscht parallel zum Hundeführer zu sitzen, sondern hielt etwas Abstand und saß schräg. Erst nach längerer Zeit begriffen wir, wieso Dorle ausgerechnet diese Übung partout anders ausführte. Zum einen hatte sie erkannt, wie wichtig der Blickkontakt zum Menschen war, und wie viel einfacher sich dieser aus ihrer diagonalen Position halten ließ. Außerdem hatte sie beobachtet, dass die Menschen den anderen Hunden gelegentlich auf Pfoten oder Rute stiegen, weil diese so nah an den Füßen ihrer Besitzer saßen.

- Durch seine Eigenständigkeit eignet sich der „rebellische Hund“ sehr gut als Arbeits- und Therapiehund, aber weniger für den Wettstreit in Disziplinen, die viel Gehorsam und sture Übung erfordern. Der Mangel an Motivation, den ein solcher Hundecharakter an den Tag legt, muss nicht unbedingt auf Faulheit oder Trotz zurückzuführen sein, sondern rührt vielmehr oft daher, dass er in seiner Beschäftigung nicht entsprechend ausgelastet und gefordert ist. Um einen rebellischen Hund zu motivieren, muss man ihm vielmehr den Zweck einer Aufgabe klarmachen, und deswegen gefallen ihm gerade zielgerichtete und sinnvolle Aktivitäten.

Kapitel 2

Hundeempathie ist Balsam für die Seele

Ich kenne kein empathischeres Tier als den Hund. Er tröstet, ohne jemals gelernt zu haben, was Trauer ist, oder zu wissen, wie ein weinender Mensch empfindet. Er stellt keine Fragen, hat an uns keine Erwartungen, sondern ist einfach nur selbstlos für seinen Menschen da, wenn dieser ihn braucht.

Unsere Hunde merken sofort, wenn jemand von uns traurig ist, und weichen dann nicht mehr von der Seite. Dorle zeigt ihre Mütterlichkeit – soweit es ihr gelingt – und schleckt das Gesicht von oben bis unten ab, während Anou oder Cannelle sehr nahen Körperkontakt suchen und auf diese Weise ihr Anteilnahme signalisieren. Ein Hund stellt sich bei bedrohlichen Situationen schützend vor seinen Menschen, ohne jemals eine Schutzhundeausbildung gemacht zu haben. Es ist sein angeborener Instinkt, diejenigen, die er liebt, zu beschützen. Es ist erstaunlich, wie bedrohlich ein sonst so umgänglicher und friedliebender Hund auf einmal wirken kann, wenn er bemerkt, dass sich sein Mensch wirklich in einer ernsten Situation befindet. Aber ein Hund legt sich auch geduldig neben das Bett eines kranken Familienmitgliedes, obwohl er nicht wissen kann, was Krankheit ist. Ohne eine Ahnung davon, was dem Menschen wirklich fehlt, spürt er doch, dass etwas nicht stimmt, und steht seinem Besitzer bei, was da auch kommen mag.

Es gibt noch unzählige andere Situationen, in denen ein Hund seinem Menschen wie ein Schatten durchs Leben begleitet und alle positiven und negativen Seiten mit ihm teilt. Mit einem Hund stellt sich die Frage nicht mehr, ob man bei jedem Wetter spazieren geht oder lieber zu Hause bleibt. Der Hund motiviert den Menschen sogar dazu und ist glücklich und dankbar, wenn man ihm folgt. Einen Hund zu streicheln, setzt Glückshormone frei, und wer die Verantwortung für einen Hund übernimmt, stärkt seine mentalen Fähigkeiten.

Ein Hund fordert Zuwendung und Aufmerksamkeit und fördert die Kommunikation mit anderen Menschen. Er fragt nie nach dem Sinn, hat keine Berechnung, kennt (meist) weder Neid noch Missgunst und erwartet für seine Liebe keine Gegenleistung. Selbst Hunde, die von ihrem Besitzer misshandelt werden, können immer noch treu, loyal und demütig sein. Auch hier könnte man sich fragen, was ein Hund übernimmt, wenn sein Besitzer ihm gegenüber offensichtlich aggressiv ist. Will das Tier durch seine demütige Haltung dem Menschen zeigen, was dieser eigentlich lernen sollte? Würde sich ein gewalttätiger Hundebesitzer diese Frage ernsthaft stellen und sein Verhalten ändern, hätte sein Hund die Aufgabe, ihn zu reflektieren hervorragend bewältigt.

Ein Hund ist eine solche Bereicherung für das Leben seines Menschen, und doch schätzen wir ihn oft nicht genug. Es ist leicht, die Routine mit dem Hund als selbstverständlich hinzunehmen, sich über Kleinigkeiten zu ärgern und zu vergessen, wie viel der Hund einem Tag für Tag schenkt. Was ihn so besonders macht, ist seine Empathie und gleichzeitig auch die Empathie, die er in uns Menschen weckt. Bei kaum einem anderen Tier versucht der Mensch, das Verhalten und die Emotionen so gründlich zu entschlüsseln. Um aber zu verstehen, wie ein Hund denkt oder fühlt, muss man ihn unweigerlich in der Beziehung mit seinem – oder seinen – Menschen betrachten. Hunde, deren Domestikation und Zucht darauf abzielte, einen idealen Begleiter für uns Menschen zu schaffen, ist untrennbar mit uns verbunden. Die Empathie unserer Hunde ermöglicht es ihnen, so viel von ihrem Umfeld zu spüren und zu übernehmen – und damit auch, uns einen Spiegel vorzuhalten.

Doch zurück zu den Emotionen, zu denen unsere Hunde fähig sind. Es gibt tatsächlich Hunde, die ein wenig beleidigt sein können, wenn sie sich zurückgesetzt fühlen. Unsere Rottweilerhündin Dolly, mit der ich als Kind aufgewachsen bin, zeigte nur zu gerne diese Emotion. Als ich einmal mit meinem Rauhaardackel Wastl im Elternhaus zu Besuch war, würdigte sie weder mich noch den jungen Rivalen eines Blickes. Offenbar war sie zutiefst gekränkt, und das im weisen Alter von immerhin 15 Jahren, dass ich ihr einen Konkurrenten vor die Nase setzte. Diese Distanz zu mir hielt sie tagelang durch, und sie wäre mir sicher auch danach noch lange böse gewesen, hätte Wastl nicht eine Wespe in die Nase gestochen. Mit herzzerreißendem Jaulen machte er allen klar, dass er nicht verstand, was ihm so schrecklich wehgetan hatte. Dolly überwand daraufhin sofort ihre Missachtung und stellte sich schützend vor Wastl und schleckte den schockierten kleinen Hund ab, um ihn zu beruhigen. Sie bemutterte ihn so stark, dass sie uns kaum Möglichkeiten ließ, selbst nachzusehen, was dem Kleinen passiert war. Wäre ich nicht bald darauf mit

Wastl abgereist, hätten die beiden Hunde durch dieses Erlebnis gewiss Freundschaft geschlossen.

Wie zeigt mir mein Hund seine und Zuneigung und Zugehörigkeit?

- Jeder zeigt seine Zuneigung auf seine eigene Art und Weise. Manche Hunde lieben Körperkontakt, wollen so nah wie möglich bei ihrem Menschen sein und sind überschwänglich in ihren Emotionen. Andere sind dagegen sind reservierte und stille Begleiter, die durch ihre bloße Anwesenheit und ihren Blick ihre Nähe ausdrücken.
- Hunde haben einen gesunden Egoismus, indem sie immer versuchen, das Beste für sich zu erreichen und gleichzeitig ein starkes Zugehörigkeitsgefühl.

Ich bin immer wieder erstaunt, wie demütig und rücksichtsvoll eine Hundemutter ihre Kinder versorgt und sich vollkommen auf diese kräftezehrende Zeit einstellt, ohne etwas zurückzufordern. Sobald es aber notwendig ist, zeigt sie mit zunehmendem Alter ihrer Kinder sehr konsequent, wo diese ihre Grenzen haben. Durch das Setzen von Regeln im Umgang miteinander lernen sie, dass sich der Zusammenhalt stärkt, wenn sie die Körpersprache der anderen und der damit verbundenen Gefühle beachten. Deshalb haben Hunde ein sehr feines Gespür, sich zurückzunehmen, wenn es die Situation erfordert, weil sie trotz Egoismus ein ebenso großes Bedürfnis nach Zusammenhalt und Zugehörigkeit haben.

Kapitel 3

Spürhund Anou

Anou ist unsere zweite Hündin, sie ist Dorles Tochter aus ihrem ersten Wurf. Von Anfang an war sie sehr schnell von Begriff und machte klar, dass sie ein überaus kommunikativer Hund ist. Schon in der Wurfkiste heulte sie wie ein kleiner Wolf, wenn ihre Geschwister mit ihr spielen sollten. Wir hatten den Entschluss gefasst, eine Hündin zu behalten, und Dorle entschied schon sehr früh, welches ihrer Kinder bei uns bleiben sollte. Als Mutter ist Dorle sehr fürsorglich und gerecht, kümmerte sich wunderbar um alle ihre Welpen und erzog ihre Kinder sehr konsequent und fair. Zu Anou hatte sie aber eine besonders innige Verbindung und auch Anou lag immer eng an Dorle gekuschelt und folgte ihr auf Schritt und Tritt. Gerade als die Welpen noch sehr klein waren, widmete Dorle ihrer Tochter besondere Aufmerksamkeit, indem sie die kleine Hündin besonders häufig mit der Nase umstieß und mit grollendem Knurren verfolgte. Erst mit der Zeit und mit wachsender Geschicklichkeit der Welpen erkannten wir, dass es sich dabei um Spielversuche Dorles handelte. Doch vielleicht erkannte sie schon damals, dass sie beide sehr gut miteinander auskommen würden und Anou ihre Form der Kommunikation und Erziehung sehr gut verstand. Außerdem war es uns wichtig, dass ein Zweithund perfekt zu Dorle passen und ihre Stellung nicht gefährden sollte. Also vertrauten wir ihrer Entscheidung, denn wir hatten das Gefühl, dass sie mit ihrer Wahl richtig lag.

Anou ist keine Anführerin und hat immer Dorles Vorrangstellung akzeptiert. Am liebsten ist sie Teil einer Gruppe, und so wirkt sie auf uns immer aufgeschlossen und fröhlich, fast unbeschwert, weil sie eben keine Führungsposition und damit einhergehende Verantwortung übernehmen muss. Genau deswegen bildet sie ein gutes Team mit Dorle, und ist glücklich, wenn sie neben ihrer Mutter laufen kann, ohne Dorles Position in Frage zu stellen. Gleichzeitig gelingt es ihr aber auf spielerische Weise, ihre Mutter herauszufordern und aus der Reserve zu locken. Wo Dorle oft eher ernst und passiv ist, zufrieden in ihrer Routine und Sicherheit, bringt Anou eine große Lebendigkeit und viel Temperament mit, die auch bei Dorle ungeahnte Talente zum Vorschein bringen.

Anou hat eine hervorragende Nase und ist gleichzeitig mit großer Intelligenz gesegnet. Ich glaube manchmal, dass ihr nichts entgeht. Hellwach reagiert sie auf Gerüche und Geräusche und nimmt dabei auch jede noch so kleine Bewegung wahr. Mit ihr ist jeder Spaziergang spannend. Lange war ich nur in Dorles ruhiger Begleitung gewesen und das änderte sich mit Anous Nasenarbeit. Mit ihr gehe ich mit anderen Sinneswahrnehmungen durch den Wald. Ich lerne, ähnlich wie sie, mit erhöhter Aufmerksamkeit auf Dinge zu achten.

Manchmal darf Anou bei der Nachsuche eines Rehs dabei sein, so hat sie gelernt, ihre Nase gezielt einzusetzen. Das macht ihr sehr viel Spaß, und sie erkennt die Ernsthaftigkeit der Situation und bleibt ruhig und konzentriert. Ich habe sogar den Eindruck, dass ein Hund spürt, ob es sich nur um ein Suchspiel handelt, bei dem es am Ende eventuell „nur“ ein Leckerli zur

Belohnung gibt, oder ob es ein ernsthaftes Nachgehen einer Schweißfährte ist, die zu einem Wildtier führt. Für mich war diese Erfahrung ein weiterer Lernprozess, denn mit Anou lernte ich den Wald frühmorgens und abends sehr viel besser kennen und dies hat mir schon viele magische Momente besche. Noch nie habe ich einen Hund kennengelernt, der mit solch geschärften Sinnen und wacher Intelligenz durch den Wald läuft.

Die Bezeichnung Spürhund trifft auch noch in einer anderen Bedeutung auf sie zu. So spürt sie nicht nur mit ihrer Nase viele Dinge auf, sondern sie spürt auch sonst alles um sich herum. Jeden Gedanken, jede Gefühlsregung und jede Änderung in der Körpersprache. Es ist wirklich unmöglich, ihr etwas vorzumachen. Gelegentlich frage ich mich, was Anou mir auf diese Weise zeigen möchte. Ist es ihre erhöhte Sinneswahrnehmung, ihre Unbeirrbarkeit, das Wahrgenommene als Realität anzunehmen? Wenn ich mich selbst betrachte, fallen mir durchaus Ähnlichkeiten auf. Seit meiner Kindheit kenne ich selbst die Wahrnehmung feinster Nuancen, ob in der Stimme oder im Ausdruck. Offenbar habe auch ich eine Art Instinkt, der mir mehr als alle Worte sagt, was andere Menschen denken oder fühlen, und der es mir oft sogar ermöglicht vorherzusagen, was jemand tun oder wie sich eine Situation entwickeln wird. Als Kind war ich damit überfordert, traute meiner eigenen Sensibilität nicht und hatte keine Möglichkeit, das Wahrgenommene auszudrücken. Andere Menschen verstanden mich nicht, weil ich mich deshalb oft zurückzog und meine Eindrücke für mich behielt. Als erwachsene

Frau in einem therapeutischen Beruf kostete es mich anfangs sehr viel Überwindung, mir einzugestehen, dass ich offenbar mehr wusste, als die meisten Menschen wahrnehmen können oder wollen. Ich musste viele prägende Erfahrungen machen, um diesen Bildern Glauben zu schenken. Gleichzeitig habe ich gelernt, nicht alles an mich heranzulassen, Dinge außerhalb meiner Reichweite loszulassen und mich zu verändern, wenn es für mich nötig ist. Für meinen Beruf ist diese Gabe ein großer Vorteil, denn ich kann damit sehr schnell Menschen in ihrem Charakter und Verhalten durchschauen und die Ursache eines Problems erkennen.

Doch auch als Züchterin ist meine Wahrnehmung entscheidend, wenn es darum geht, die richtigen Interessenten für einen Welpen auszuwählen. Anou spiegelt mich mit ihrer Sensibilität, und sie hat mir gezeigt, wie einfach es sein kann, der eigenen Wahrnehmung zu trauen. Ich lerne von Anous Vorbild tagtäglich, mit offenen Sinnen durch die Welt zu gehen und meine Instinkte wertzuschätzen.

Wie erkenne ich einen ausgeprägten Nasenhund?

- Bereits im Welpenalter haben Hunde mit ausgeprägtem Geruchssinn ihre Nase immer im Einsatz. In einem Wurf kann man beobachten, dass es deutliche Unterschiede darin gibt, welche Sinne die Welpen zur Wahrnehmung und Kommunikation nutzen.
- Oft begrüßen Hunde mit ausgeprägtem Geruchssinn Menschen mit einem Nasenstüber und saugen so deren Geruch ein. Offenbar nehmen sie Menschen nicht so sehr über Körperberührung, als über Nasenkontakt wahr.

Wie kann ich einen ausgeprägten Nasenhund unterstützen?

- Alles, was mit Nasenarbeit zusammenhängt, ist für diesen Hundecharakter bestens geeignet. Dies kann spielerisch geschehen, etwa indem man selbstgemachte Fährten legt oder Verstecken spielt.
- Aufgrund ihrer Intelligenz sind diese Tiere aber auch schnell gelangweilt oder durchschauen ein Spiel sehr schnell. Ich bin mir sicher, sie spüren, ob es Ernst ist oder nicht, und erkennen deshalb auch, wenn der Besitzer eigentlich keine Lust hat, schon wieder die Boxen eines Intelligenzspiels mit Futter zu füllen. Deshalb sind Kreativität und Abwechslung nötig.
- Ein beliebtes Spiel ist Verstecken. Das kann man sehr gut mit mehreren Personen auch im Haus erst einmal üben. Zu Beginn kann man den Hund mit einer Belohnung motivieren, wenn er die versteckte Person findet. Doch sobald der Hund das Spiel verstanden hat, reicht ihm meist die Freude an der Suche als Motivation. Man kann die Schwierigkeit erhöhen, wenn man ins Freie geht und beispielsweise beim Spaziergang im Wald Verstecken spielt.
- Wenn man viel Zeit und Motivation für eine spezielle Ausbildung hat, kann man diese Hunde mit jeglicher Art von Nasenarbeit konfrontieren. Natürlich können sie dank ihren Fähigkeiten zur Nachsuche bei der Jagd eingesetzt werden, aber es gibt noch viele andere Möglichkeiten, ihr angeborenes Nasentalent sinnvoll einzusetzen. Spezielle Hundetrainer können Hunde etwa zur Objekt- oder Personensuche ausbilden, ebenso zu Sprengstoff-, Bettwanzen- oder Schimmelspürhun-

den. Solche Hunde sind auch als Assistenzhunde sehr gut geeignet da sie mit entsprechender Ausbildung bestens in der Lage sind, einen Diabetiker oder gehörlosen Menschen sehr hilfreich zu begleiten.

Kapitel 4

Unsere Hunde

Bei meiner Suche nach einem Kromfohrländer hatte ich die Vorstellung von einer Hündin mit ruhigem und ausgeglichenem Charakter. Durch meine Erfahrungen mit meinem Hütehund Lukas, wollte ich mir keinen weiteren Hund mit Herdentrieb zulegen, da ich dem ausgeprägten Bewegungsdrang nicht hätte gerecht werden können. Der Kromfohrländer mit seinem anhänglichen Wesen und seiner praktischen Größe war für mich die ideale Lösung. Bis wir dann aber endlich unsere Hündin bekamen, mussten wir eine lange Wartezeit auf uns nehmen. Über zwei Jahren lang hofften wir immer wieder, dass es endlich gelingen würde, unseren großen Wunsch zu erfüllen. Daran zu glauben, war durchaus eine Herausforderung, auch wenn die Umstände immer wieder zu Enttäuschungen führten. Als uns die Nachricht vom plötzlichen Tod eines Welpen erreichte, den man uns versprochen hatte, waren wir am Boden zerstört. Wir hatten uns so sehr auf das Hundebaby gefreut. Doch auch diese Phase der Traurigkeit und Verunsicherung überstanden wir. Als wir schließlich erfuhren, dass die Hündin unserer Wunschzüchterin sieben gesunde Welpen geboren hatte und wir einen davon bekämen, waren wir sehr glücklich.

Dorle entsprach genau unseren Vorstellungen, und wir waren vom ersten Tag an in sie verliebt. Erst im Laufe der Zeit erkannte ich ihren sehr eigenwilligen und durchaus rebellischen Charakter und veränderte mich selbst mit ihr. Bevor Dorle zu uns kam, verhielt ich mich eher ruhig und passiv.

Mit Dorle erwachte in mir Unabhängigkeit, Mut und Kreativität. Sie brachte mich durch ihre Entwicklung und die Entscheidung, mit ihr eine Zucht zu beginnen, zu einem neuen, sehr spannenden Lebensabschnitt. Ihre Hingabe und Konsequenz als Mutter ihrer Welpen, zeigte mir, welche Qualitäten, ob im Umgang mit Hunden oder in der Beziehung zu meinen Mitmenschen, wichtig sind. Diese Schritte waren prägend in meiner Entwicklung, mich mutig und selbstsicher auf Unbekanntes einzulassen.

Als Anou geboren wurde und bei uns blieb, begann wieder eine neue Phase in meinem Leben. Sie hat ein äußerst kontaktfreudiges Wesen, immer gut gelaunt und ist jederzeit zu einigem Schabernack aufgelegt. Ihre zierliche Erscheinung täuscht, denn sie hat eine unerschrockene Hartnäckigkeit und setzt sich aufgrund ihrer Intelligenz über manche Grenze hinweg. Mit ihr habe ich gelernt, noch mehr loszulassen und zu vertrauen. Ihre unbändige Lebensfreude ist Ausdruck für meine eigene geworden. Die innige Beziehung zu ihrer Mutter Dorle ist ein wesentlicher Bestandteil ihres Charakters, und ich kann mir Anou ohne Dorle kaum vorstellen. Seit 2020 gehört nun auch Anous Tochter Cannelle zu uns. Wir waren nach der Geburt der Welpen nicht darauf eingestellt, dass einer von ihnen bei uns bleiben sollte. Doch obwohl, oder vielleicht gerade weil wir nicht aktiv nach einem dritten Hund Ausschau hielten, passte sich Cannelle ganz natürlich und selbstverständlich in unsere Familie ein. Sie vermittelte mir bereits als drei Wochen alter Welpe, dass ihr Platz bei uns ist. Wenn ihre acht Geschwister abends im Welpenauslauf schliefen, saß sie wach und aufmerksam da und suchte meinen Blick, der mir signalisierte, dass sie zu mir auf den Arm wollte. Ganz egal, was ihre Geschwister gerade machten, wollte sie sobald ich in die Nähe kam, sofort zu mir. In ihr treffen sich Dorle und Anou gleichermaßen und doch ist sie unbeschreiblich anders. Neben ihrer großen Intelligenz und Anhänglichkeit, ist sie überaus sensibel und teamfähig. Dorle und Anou übertreffen sich fast mit Fürsorglichkeit und Liebe. Sie teilen sich alles miteinander ohne jegliche Eifersucht oder Aggression.

Es ist also die Kombination aus Hunden und Menschen, die aus einem Rudel macht, was es ist. Natürlich müssen die jeweiligen Persönlichkeiten zusammenpassen, denn die Bindungen, die sich untereinander bilden, halten das Gefüge aus den Hunden und uns Menschen zusammen und machen es so besonders. Unsere Hunde zeigen mir immer wieder, wie schön das Leben sein kann. Sie sind meine Herzensfreundinnen und Gefährtinnen in allen Lebenslagen. Manchmal, wenn ich morgens erwache und sie neben mir spüre oder höre, bin ich von unendlicher Dankbarkeit für ihre selbstverständliche Anwesenheit und Liebe erfüllt.

Kapitel 5

Falsch verstandene Dominanz

In der Hundeerziehung wird häufig das Wort Dominanz verwendet. Jeder Hundebesitzer, der eine Hundeschule besucht oder auch nur einen Ratgeber liest, wird irgendwann auf diesen Begriff stoßen. Meist geht es dann darum, diese scheinbar negative Eigenschaft unter Kontrolle zu bringen oder dem Hund die eigene Dominanz zu demonstrieren. Doch was bedeutet dieser Begriff überhaupt? Und ist es denn so schlimm, wie es oft dargestellt wird, einen dominanten Hund zu haben?

Ursprünglich kommt das Wort Dominanz vom lateinischen *dominus,* was so viel wie „Herr" oder „Hausherr" bedeutet. Dominanz wäre demnach die Überlegenheit eines Einzelnen, der über andere bestimmt. Wenn man das nun auf einen Hund und seinen Besitzer überträgt, ist klar, dass hier immer der Mensch in der überlegenen Position ist, auch wenn sich manche Hundehalter dessen vielleicht nicht so ganz bewusst sind. In der Hundeerziehung wird der Begriff aber anders gebraucht: Mit Dominanz versucht man unter anderem die soziale Rangordnung erklären, die sich angeblich in einem Hunderudel ergeben soll. Doch es handelt sich dabei nicht um einen festen Wert, sondern eher um eine Differenz im sozialen Rang zweier Hunde. Das Tier, das über mehr Selbstbewusstsein, das größere Durchsetzungsvermögen, mehr Erfahrung oder körperliche Stärke verfügt, dominiert das andere, das sich wiederum unterwerfen muss.

Allerdings ist diese Dominanz relativ, denn es kommt immer auf die Zusammensetzung des Rudels an. Ein eher ruhiger Hund ist einem sehr selbstsicheren vielleicht unterlegen, wirkt aber bei der Interaktion mit einem überaus ängstlichen Tier dominant. Deswegen ergibt es eigentlich wenig Sinn, einfach von dominanten und nicht dominanten Hunden zu sprechen. Noch viel weniger gelingt der Versuch, dem Hund dieses „Fehlverhalten" abzuerziehen. Denn genau genommen ist eine Rangordnung in einer Gruppe Hunde ja nötig, und es ist unmöglich, sie zu verhindern.

Das Verhalten, das mit der Beachtung der sozialen Rangordnung im Rudel einhergeht, ist ein Erbe der Vorfahren unserer Hunde, der Wölfe. Für das Überleben der Wölfe ist es von entscheidender Bedeutung, als Gruppe zusammenzuleben. Dazu muss gewährleistet sein, dass zentrale Entscheidungen von denjenigen Tieren gefällt werden, die über die größte Kompetenz verfügen, sei es durch Erfahrung, Alter, Intelligenz oder Kreativität. Der oder die Rudelführer müssen aber logischerweise Autorität über die Gruppe haben, um ihre Rolle auszuüben. Dabei muss es sich nicht unbedingt um das körperlich stärkste Mitglied handeln. Man beobachte nur einmal eine Gruppe Hunde und deren Rangordnung. Rudelführer sind oft diejenigen Tiere, die nicht sofort als die wildesten und stärksten auffallen, sondern vielleicht eher diejenigen, die sich beobachtend im Hintergrund halten. Dem (menschlichen) Betrachter kommt beim Anblick dieser Hunde am ehesten der Begriff „natürliche Autorität" in den Sinn.

Im Rudelverhalten von Hunden gibt es allerdings häufig Probleme, die in der freien Wildbahn nicht existieren.

Ein Wolfsrudel besteht meist aus Individuen, die sich quasi „aus freien Stücken" zusammengefunden haben, die vielleicht verwandt sind, aber nicht zwingend. Im Leben unserer domestizierten Hunde dagegen sind es wir Menschen, die sozusagen „künstlich" ein Rudel zusammenstellen, ob in der Hundeschule, beim Spaziergang in Gruppen oder in Fällen, in denen ein Besitzer mehrere Hunde hat. Während Wolfsrudel immer die Möglichkeit haben, sich aufzuspalten, sodass einzelne Tiere das Rudel verlassen können, haben Hunde normalerweise keinen solchen Ausweg.

Dazu kommt, dass durch die große Vielfalt verschiedener Rassen die einzelnen Hunde sich oft rein körperlich ganz und gar nicht ebenbürtig sind. Das wiederum führt dazu, dass es in Hundegruppen zu Verhaltensweisen kommt, die wir Menschen als negative Dominanz verstehen. Man denke nur an einen jungen wilden Rüden, der einer großen Rasse angehört und in der Welpenstunde alle anderen Hunde terrorisiert. Oder an die Art von „Mobbing", bei der ein eingespieltes Team von Hunden ein einzelnes schwächeres Tier vollkommen unterdrückt. Ob Hundebesitzer oder -trainer – hier ist es die Aufgabe der Menschen, einzugreifen und ein Rudel so zusammenzustellen, dass die Mitglieder einander gewachsen sind und miteinander auskommen können. Das bedeutet nicht, dass jeder Machtkampf unterbunden werden soll, im Gegenteil, man muss den Hunden sehr wohl zugestehen, unter sich eine Rangordnung auszuarbeiten, auch wenn das auf uns vielleicht manchmal gewaltsam oder unfair wirkt. Aber solange die Herstellung der Rangordnung in gemäßigtem Rahmen geschieht, ist es sogar vorteilhaft, da jeder Hund, auch der unterwürfige, der sich sofort ergibt, einen ihm entsprechenden Platz in seinem Rudel finden will. Man sollte als Mensch erst dann eingreifen, wenn der Schwächere ganz eindeutige Unterordnungsgesten zeigt und der Angreifende diese missachtet, wenn also etwa der Stärkere über dem am Boden liegenden Hund steht und die Situation nicht beendet, sondern weiterhin attackiert.

Dieses Festlegen von Rollen ist nichts anderes als das, was sich in abgeschwächter Form ähnlich in einer Gruppe von Menschen abspielen würde. Denn auch hier finden sich beispielsweise extrovertierte oder introvertierte Persönlichkeiten in Gruppen zusammen, etwa bei der Arbeit. Die unterschiedlichen Charaktere können sich gegenseitig ergänzen und damit ein gutes Team bilden, aber ebenso leicht aneinandergeraten, wenn die Gruppendynamik nicht geklärt ist.

Dominantes Verhalten unter Hunden darf nicht verwechselt werden mit dem Verhalten, das die Beziehung zwischen Hund und Besitzer kennzeichnet. Jedes Team aus Hund und Mensch bildet eine Art Rudel, in dem allerdings die Machtverhältnisse ganz anders sind. Natürlich verfügt der Mensch über Möglichkeiten, die ihn dem Hund immer überlegen machen, und zum Besten beider ist es auch nötig, dass der Hund die Entscheidungen des Menschen akzeptiert.

Doch wir haben extrem hohe Erwartungen an das Verhalten unserer Hunde. Sie sollen wie selbstverständlich alles in unserem Leben hinnehmen, was wir ihnen zumuten. Niemals sollen sie sich beschweren, negative Gefühle zeigen oder Frustration empfinden. Ein Hund sucht immer seine Grenzen und den für ihn besten Platz in seinem sozialen Umfeld, aber er tut es, um letztlich sein Rudel stabil zu erhalten. Wenn er Schwäche oder Unsicherheit bei seinem Besitzer wahrnimmt, kann es sein, dass er die Strategie ändert und einem natürlichen Impuls folgt, die Führung zu übernehmen. Unsere Hunde, die in einem sicheren Zuhause leben, brauchen keine Überlebensstrategien mehr. Für Fressen, Bewegung und Schutz sorgen wir Menschen. Trotzdem ist es immer noch das Ziel eines Hundes, in einem friedlichen und entspannten Rudel zu leben, und er lässt es deshalb zu, dass um ihn herum auftretende Spannungen auf ihm „abgeladen" werden. Er trägt also im übertragenen Sinn die Spannungen für seinen Besitzer, damit das möglichst stabile soziale Gefüge, in dem er lebt, aufrechterhalten wird.

Das ist ein ganz anderer Denkansatz, als wenn man den Hund auf eine Dominanzstufe stellt, ihn dadurch als „Problemhund" abstempelt, sprich, immer geneigt ist, die Schuld gleich bei ihm zu suchen. Ein Hund, der das Gefühl hat, dass er seinem Menschen in dessen Entscheidungen und Kompetenz absolut vertrauen kann, wird diese auch akzeptieren, da es das Beste für sie beide ist. Was sich darüber hinaus an Schwierigkeiten ergibt, entsteht durch Spannungen, die wir selbst mit in die Beziehung bringen.

Wenn wir die Chance erkennen, die darin liegt, in unserem Hund uns selbst zu sehen, kann jeder Hund zum Therapiehund werden. Wenn wir uns vom vorgefertigten Schema lösen und ein negatives Verhalten des Hundes als Spiegel unserer eigenen Situation erkennen, können wir erreichen, dass sich der Hund von diesem Verhalten freimacht. Und wir können all das lernen, was für uns wirklich notwendig ist.

So viele sogenannte Problemhunde gibt es nur, weil der Hund die Autorität des Besitzers nicht anerkennt und sich deshalb nicht „beherrschen" lässt. Es ist aber eine Ausrede, einfach von einem dominanten Hund zu sprechen, der dem Menschen das Leben schwer macht. Denn wie gesagt, beobachtet man die Interaktion mit Artgenossen, wird klar, dass zu der Beziehung zwei Seiten gehören. Natürlich handelt es sich vielleicht um einen willensstarken Hund, der möglicherweise aufgrund schlechter Erfahrungen oder Prägungen dazu noch ein Problem mit Aggression hat. Allerdings braucht es auch einen Menschen, der entweder dieses Verhalten mit sich machen lässt oder umgekehrt versucht, es durch übertriebene Strenge zu kompensieren. Denn auch eine noch so harte Erziehung oder im Extremfall sogar Gewalt können den Hund nicht täuschen, wenn der Besitzer innerlich unsicher oder andere Probleme hat. Dann sollte man sich die Fragen stellen: Was löst das dominante Verhalten meines Hundes bei mir aus? Ist es etwas, das ich auch zeige, vielleicht nur unbewusst? Sehe ich die Stärke meines Hundes als Konkurrenz? Oder ist mir sein Verhalten unangenehm, weil ich mir selbst so etwas nicht zutraue?

Wir haben mit Dorle einen Hund, der von der Hundetrainerin als dominant eingestuft wurde. Obwohl sie als Welpe und junger Hund sehr ängstlich sein konnte, wenn es um laute Geräusche oder unbekannte Situationen ging, habe ich noch nie erlebt, dass sie sich von anderen Hunden auch nur irgendeine kleine Frechheit gefallen ließe. Sie behauptet sich gegen respektlose Junghunde, aufdringliche Rüden oder eifersüchtige Hündinnen mit einer Vehemenz, die ich ihr nie zugetraut hätte. Ja, genau genommen war es mir direkt unangenehm zu sehen, wie meine sanfte Dorle gleich in der ersten Welpenstunde ihre Stellung behauptete. Ich war immer bemüht, sie weder zu dominant werden zu lassen noch zu zurückhaltend zu erziehen, und hatte meine ganze Aufmerksamkeit auf ihr Verhalten gerichtet. Mit der Zeit lernte ich jedoch, dass mein Hund alles spürt, was ich an Stärke, aber auch an Schwächen habe. Mein Anspruch an Perfektion war sehr groß, ich wollte unbedingt alles richtig machen. Und Dorle war auch wirklich sehr folgsam, nur manchmal blitzte ihre Eigenwilligkeit durch, die ich natürlich gleich wieder mit erzieherischen Maßnahmen zu regulieren versuchte. Zum Glück verzeiht ein Hund manche Fehler. Ich machte mit ihr aktiv zwei Jahre lang wöchentlich je eine Stunde *Agility*, eine Hundeerziehungsstunde und später auch noch eine Stunde *Dogdancing*. Zusätzlich ging ich mit ihr regelmäßig in den Kindergarten, wo sie mit mehreren Kindergruppen in Berührung kam. Ich tat das mit dem Ziel, sie möglichst früh auf kleine Kinder zu prägen, um sie eventuell eines Tages als Therapiehund ausbilden zu können. Ein großes Programm, bei dem Dorle sehr gut mitmachte, wenn auch mit ganz leichten Abstrichen. Beispielsweise zeigte sie ihren Widerwillen, wenn es an schwülen Sommertagen im *Agility* über Hindernisse zu springen galt, wo man doch einfach außen herumlaufen konnte, oder beim *Dogdancing*, wo ihr alles ein wenig albern vorkam. Der Anspruch immer besser zu werden stieg durch die Anforderungen, in der Hundegruppe mithalten zu können. Auf meinen Fahrten zum Training hatte ich immer öfter Zweifel, ob es wirklich mein eigener Wunsch und in Dorles bestem Interesse war, die Techniken immer perfekter zu lernen, oder ob ich eine Erwartungshaltung mir oder dem Trainer gegenüber erfüllte. Hätte ich damals schon mehr auf Dorles Gesichtsausdruck geachtet und sie ernst genommen, wäre die Antwort eindeutig gewesen. Das soll nicht heißen, dass Hundesport keine Bereicherung ist, nur Dorle fehlte dafür – ähnlich wie mir – ab einem gewissen Niveau der entsprechende Ehrgeiz zum Wettstreit. Wenn wir allerdings in den Kindergarten gingen, war Dorle immer hochmotiviert. Das entsprach ihrer mütterlichen Persönlichkeit und das hat sie bis heute beibehalten.

Im Nachhinein ist mir klar, dass es meine mangelnde Selbstsicherheit war, die mir Dorles Verhalten während des Hundetrainings manchmal so unverständlich erscheinen ließen. Doch im Laufe der Zeit und durch eingehende Beschäftigung mit ihrer Erziehung wurde mir klar, dass es weder ihr noch mir guttat zu versuchen, ihren Charakter zu verbiegen oder umzuerziehen. Stattdessen begann ich, ihre Stärke zu respektieren und lernte von ihr, meinen eigenen Fähigkeiten zu vertrauen, mir selbst treu zu bleiben und meine Meinung auch nach außen hin zu vertreten. Dorle ist kein Hund, der sich in ein festes Schema pressen lässt. Sie liebt ihre Freiheit, ist aber auch von Natur aus anhänglich und vorausschauend und spürt, wann es wichtig ist, in meiner Nähe zu bleiben. Eigentlich braucht sie gar keine Kommandos. Denn für sie reicht ein Blick von mir, und sie weiß, was ich von ihr möchte. Heute verständige ich mich mit ihr auf diese Weise, es braucht nur eine leise Aufforderung oder eine Bewegung meiner Schulter, weil sie meine Absicht schon vorausahnt.

Das Geheimnis einer solchen Beziehung, die ohne viele Worte auskommt, ist Vertrauen. Diese Basis ist notwendig, damit sich eine wirkliche Verbindung zwischen Menschen und Hunden entwickelt. Wenn der Hund begreift, dass er den Entscheidungen und Plänen seines Menschen vertrauen kann, und ihm damit die Führung überlässt, erübrigt sich die ganze Diskussion um Dominanz und Autorität. Denn so zeigt der Mensch nicht durch Druck oder Gewalt seine Überlegenheit, sondern beweist vielmehr seine Kompetenz und besten Absichten.

Doch nicht nur der Hund lernt, Vertrauen in den Besitzer zu entwickeln, auch sein Mensch ist gefordert, ihm als seinem Begleiter zu vertrauen. Dies lerne ich aber nur, indem ich Situationen erlebe, in denen ich meinem Hund vertraue, und diese nicht aus Angst, ständig meide.

Das wird leider oft zu wenig in Hundeschulen gelehrt. Dort findet sich zum Teil ein Leistungsstreben, das überdies häufig von der eigenen Eitelkeit beflügelt wird. Für mich sind Hunde keine Wesen, die ich mir untertan mache, sodass ihr Gehorsam zeigt, wie groß meine eigene Autorität ist. Sie sind meine Begleiter, die lernen müssen, dass in einem Rudel Grenzen und Regeln gelten. Andererseits bin auch ich als Mensch gefordert, sollte loyal, empathisch, vertrauenswürdig, zuverlässig und ausgeglichen sein und zeigen, dass ich den einzigartigen Charakter meines Hundes schätze.

Wie gehe ich mit Dominanz bei meinem Hund um?

- Dominanz ist nichts Negatives, sondern im Gegenteil eine Herausforderung, selbst stark zu werden. Hunde testen immer ihre Grenzen aus, und es ist meine Aufgabe, mich nicht auf dieses Spiel einzulassen, sondern konsequent zu bleiben. Das gilt insbesondere auch für Situationen, in denen es uns vielleicht unnötig erscheinen mag, etwa beim Umgang mit einem niedlichen Welpen oder winzigen Chihuahua.

- Meine eigene Unaufmerksamkeit oder Trägheit bezüglich der Grenzüberschreitungen meines Hundes hat eine Stärkung seiner Position zur Folge, d. h. als Hundehalter bin ich immer gefordert, Grenzen zu setzen. Mein Hund spürt jede kleine Unsicherheit und nutzt sie für sich. Dieser gesunde Egoismus ist für ihn eine angeborene Überlebensstrategie und hat nichts mit Berechenbarkeit oder Bosheit zu tun.
- Wenn mein Hund mich herausfordert, habe ich die Chance, sensibler, aber auch wacher zu werden und mich auf respektvolle Weise zu behaupten, das heißt, ich muss lernen, eher mit meiner Körpersprache und Stimme als mit Gewalt zu arbeiten.
- Hunde beobachten bei der Körperhaltung vor allem den Schulterbereich. Mit kleinsten Bewegungen der Schultern kann ich zum Beispiel im *Agility* meinem Hund ohne Worte Richtungswechsel anzeigen. Mit dieser Beobachtungsgabe kann ein Hund bei der Jagd einschätzen, in welche Richtung ein Wildtier sich bewegen wird. Diese Fähigkeit unserer Hunde können wir als Mensch nutzen, weil wir allein durch die Haltung unserer Schultern dem Hund sehr viel vermitteln können. Damit ist auch die aufrechte Schulterhaltung gemeint, die dem Hund Stärke und Dominanz vermittelt.
- Versuchen Sie einmal, Ihren Hund nicht mit Worten, sondern mit den Schultern zu lenken. Anstatt ihn beim Namen zu rufen, warten Sie, bis Ihr Hund Blickkontakt

mit Ihnen aufnimmt. Nun bewegen Sie entweder die linke oder die rechte Schulter in die Richtung, in die Sie Ihren Hund lenken wollen. Sie werden erstaunt sein, wie schnell und aufmerksam Ihr Hund die vorgegebene Richtung übernimmt.

Kapitel 6

Individuell auf das Wesen des Hundes eingehen

Die Emotionen von Hunden sind nicht so einfach mit unseren, von menschlichem Denken geprägten Empfindungen zu vergleichen. Deshalb sollte ein Hund nicht vermenschlicht werden oder Ersatz für einen anderen Menschen sein. Ganz im Gegenteil, wir sollten den Hund und sein Wesen ganz für sich allein genommen betrachten.

Selbst Welpen zeigen schon sehr bald nach der Geburt unterschiedliches Verhalten. In dieser frühen Lebensphase erkennt man bereits in Ansätzen den Charakter des Hundes, der dann natürlich durch die ersten Erfahrungen und Prägungen weiter geformt wird. Doch die grundlegenden und entscheidenden Eigenschaften sind schon in diesem Alter erkennbar. Als unser B-Wurf einige Wochen alt war und die Welpen sehen und hören, aber noch nicht wirklich gut laufen konnten, öffneten wir zum ersten Mal die Wurfkiste. Für diese kleinen Wesen war die gerade einmal einen Quadratmeter große Kiste außer der Mutter alles, was sie bisher kannten. Doch jetzt stand ihnen auf einmal die ganze weite Welt des Welpenauslaufs offen. Die meisten Kromfohrländer sind von Natur aus eher vorsichtig, insbesondere bei unbekannten Situationen, und doch unterschieden sich unsere Welpen ganz deutlich im Verhalten.

Bella, die Erstgeborene, wagte sich als erste nach draußen und durchquerte beinahe den ganzen Raum, bevor sie völlig entspannt mitten auf dem Weg einschlief.

Später entwickelte sie sich dann tatsächlich zu einer sehr ausgeglichenen und selbstsicheren Hündin, die offen und ohne Angst auf Neues zugeht, aber auch eine große Gelassenheit in sich hat. Bisou, vom Aussehen, aber auch von gewissen Charakterzügen her das kleine Ebenbild ihrer Mutter Dorle, warf aus der Box einen Blick ins Freie und kuschelte sich dann doch lieber an Dorle; viel wichtiger als der Reiz des Unbekannten war für sie offenbar die Nähe zu ihrer Mutter.

Biri, die Jüngste, beobachtete ihre Geschwister heulend von der Kiste aus, bevor sie sich selbst nach draußen traute und die Nähe zu ihrer Schwester Bella suchte. Schon damals zeigten sich Biris große Sensibilität und ein gewisser Hang zur Dramatik, außerdem spürte man, wie sehr sie engen Kontakt und Bindungen braucht. Und dann war da noch Brix, der einzige Rüde im Wurf, der das ganze Abenteuer verschlief und später ganz allein und voller Begeisterung den Auslauf erkundete. Diese Selbstsicherheit und Neugier zeigte er auch weiterhin, ebenso wie gute Nerven und Unkompliziertheit. Ein guter Züchter beobachtet seine Welpen schon in diesem Alter ständig, um in der Lage zu sein, die Tiere richtig einzuschätzen. Nur so kann der Züchter den Welpen die passende Aufgabe zuweisen und damit für jeden einzelnen die geeigneten Menschen finden.

In dieser ersten Lebensphase der Hunde, noch unbeeinflusst durch menschliche Erziehungsmethoden und nur geprägt durch ihre Mutter, ist der Gefühlsausdruck der Tiere am besten zu erkennen. Eine gute Hundemutter ist absolut konsequent, duldet keine Übergriffe und hat ihre Kinder stets mit großer Aufmerksamkeit im Blick. Sie strahlt natürliche Stärke, Mut und Fürsorge aus. Trotz dieser gemeinsamen Prägung der Geschwister entwickelt sich jeder Welpe unterschiedlich, sodass ein gewisser angeborener Charakter zum Vorschein kommt. Doch genauso wird das Wesen des Welpen von den ständig neuen Erfahrungen beeinflusst, die er im Laufe seines Lebens macht, zunächst noch mit der Mutter und den Geschwistern, später in seinem neuen Zuhause.

Da ein Hund die Fähigkeit hat, sich empathisch auf einen Menschen einzustellen, kann er auch dessen Gefühle und dessen Haltung sozusagen übernehmen. Um ihm ein stabiles Gefüge und die Chance zur Entfaltung seines Charakters zu bieten, sollte ich so, wie seine Mutter schon, mit Stärke, Mut und Fürsorge auftreten. Die Voraussetzung dafür ist ein Mensch, der sich dem öffnet und den Hund nicht stereotyp nach Hunderatgeber erzieht, sondern mit natürlicher Autorität von seinem Hund lernt. Diese natürliche Autorität erwerbe ich, indem ich mich selbst reflektiere und an meinen eigenen Fehlern arbeite.

Um authentisch zu sein, müsste ich also das ursprüngliche Wesen meines Hundes erkennen, das unter der Prägung durch mich trotzdem vorhanden ist, dann würde ich seine Gefühle verstehen. Das bedeutet auch eine konsequente Erziehung des Hundes, ohne seinen Charakter und damit seine Emotionen zu unterdrücken oder verändern zu wollen. Genau mit dieser Ausstrahlung sollte ein Hundeführer mit seinem Hund leben.

Natürlich ist Erziehung notwendig, allerdings sollte sie auf den individuellen Charakter des Hundes zugeschnitten sein. Es ist nötig, dass der Hund auf Rufen zu seinem Besitzer kommt, bei ihm bleibt oder ruhig an der Leine geht. Aber der Großteil der Kommandos, die in der Hundeschule zum Pflichtprogramm gehören, sind für den Alltag weder notwendig, noch entsprechen sie dem natürlichen Wesen des Hundes. Welchen Sinn hat es für ihn, auf Befehl rückwärts zu laufen oder beim „Bei-Fuß-Gehen“ ständigen Blickkontakt zum Menschen zu halten? Ich will damit nicht bezweifeln, dass Prüfungen und Zertifikate in manchen Fällen unbedingt sein müssen, z.B. bei Jagd- oder Therapiehunden. Allerdings spielt es für den normalen Familienhund überhaupt keine Rolle, inwiefern er Prüfungen besteht oder eben nicht. Im Gegenteil, Hund und Besitzer trainieren meist sehr intensiv dafür, aber das heißt noch lange nicht, dass der Stand der Erziehung danach auf einem solchen Niveau bleibt, sobald die Motivation einer anstehenden Prüfung wegfällt.

In meiner Hundeschule gab es in unserer Gruppe eine sehr gelehrige Hündin, deren Besitzerin sie mit sehr viel Ehrgeiz trainierte. Dieses Mensch-Hund-Team war bewundernswert und bevor wir anderen uns mit dem Gedanken an eine Begleithundeprüfung befassten, hatte sie schon das Zertifikat. Und doch wurde ausgerechnet diese Hündin eine Woche nach dem Bestehen dieser Prüfung von einem Auto überfahren, weil sie – von einem Geräusch erschreckt – auf die Straße lief. Sie war nicht angeleint, da sie immer zuverlässig neben ihrer Besitzerin ging. Diese Umstände sind tragisch, aber sie zeigen auch, dass man nie völlige Sicherheit und Kontrolle erreichen kann, auch bei noch so guter Erziehung. Es gehört immer auch ein vorausschauendes Verhalten seitens des Besitzers dazu und trotzdem kann man bei aller Perfektion nicht verhindern, dass es Situationen gibt, die sich nicht vorausahnen lassen und ein schnelles Handeln erfordern. Auch bei bestem Training muss ich als Hundehalter immer aufmerksam und konzentriert sein.

Andererseits können Erziehung oder Hundesport Menschen und Hunden unglaubliche Freude bereiten. Unsere Anou trainiert für ihr Leben gern, lernt bereitwillig Neues und zeigt dabei sehr viel Motivation und Energie. Auch Dorle, so stur sie manchmal sein kann, macht begeistert alles, was ihre Intelligenz und Kreativität fördert, sie will nur nicht weit von mir entfernt sein. Deshalb habe ich nach zwei Jahren Hundeschule beschlossen, dass sie das nicht lernen muss. Ich sehe nicht ein, mit ihr stundenlang Distanzübungen zu machen, denn diese nützen weder ihr noch mir. Solange ich sie nicht zum Jagdhund ausbilden möchte, muss sie auch nicht am anderen Ende einer Wiese Sitz und Platz machen, sondern kann das direkt neben mir tun. Ich habe erkannt, dass es einfach ihrem anhänglichen Charakter und ihrer engen Bindung zu mir widerspricht, und dass ihre fehlende Motivation bei solchen Übungen daher rührt. Diese angeborene Eigenschaft Dorles ist für mich im Alltag sehr angenehm, weil sie so immer in meiner Nähe bleibt. Und für mich selbst brauche ich kein Prüfungszertifikat, denn darauf kann ich mich nicht ausruhen, geschweige denn hundertprozentig verlassen. Entscheidend ist eine enge Mensch-Hund-Bindung, eine präsente Ausstrahlung des Hundeführers und seine richtige Einschätzung von gefährlichen Situationen.

Ein Hund erkennt viel früher als wir Menschen es für möglich halten, was bei uns wirklich los ist. Weder sein Geruchssinn noch seine Wahrnehmung lassen sich in diesem Zusammenhang manipulieren. Ich kann also mit netter Stimme flöten, soviel ich will, weil ich das so in der Hundeschule gelernt habe; wenn ich mir dabei denke „Das ist Unfug", wird es auf das Tier keinen großen Eindruck machen. Wenn mein Hund clever ist, wird er sich sein Leckerli abholen und trotzdem unbelehrbar bleiben. Ich selbst bin ja die Ursache für den Misserfolg. Wenn ich erfolgreich erziehen will, muss ich in diesem Moment absolut überzeugt davon sein. Das mag streng und hart klingen, mein Hund versteht es aber sofort. Nicht anders hat ihn seine Hundemutter erzogen, als er noch ein Welpe war.

Auch in der Bekundung von Sympathie ist ein Hund sehr ehrlich und geradlinig. In Sekundenbruchteilen legt er sich auf Zu- oder Abneigung fest und lässt sich auch nicht beirren. Auch Angst spürt er und nutzt diese entweder für sich oder versucht zu beschwichtigen. So kann er die Gefühle eines anderen Hundes oder eines ihm entgegenkommenden Menschen bereits sehr früh erkennen.

Immer wieder begegnen mir bei meinen Hundespaziergängen Menschen, die mit ihrer Angst vor Hunden gleichzeitig eine Aggression ausstrahlen und sozusagen eine Konfrontation mit dem Hund hervorrufen. Solche Situationen können gefährlich enden, weil der Hund plötzlich hellwach und aufmerksam ist und möglicherweise die Initiative ergreift. Auch dabei gilt es, den Hund zu verstehen, ihn nicht für sein Verhalten zu verurteilen, sondern ihm zu zeigen, dass man selbst ruhig bleibt und souverän erkennt, warum der „Angriff" dieses aggressiven, wenn auch eigentlich ängstlichen Menschen geschieht. Hier muss mein Hund durch mich erfahren, dass ich die Kontrolle über ihn, über mich und über die gesamte Situation habe.

Der Umgang zwischen Hunden mag uns Menschen manchmal unverständlich und übertrieben hart erscheinen, und doch müssen wir uns bewusstwerden, dass ein Hund nie grundlos agiert, oder aus Grausamkeit oder Bosheit handelt. Viel davon, was wir als Konflikt wahrnehmen, dient in Wahrheit dazu, die Rangordnung im Rudel festzulegen und somit für ein friedliches, stabiles Zusammenleben zu sorgen. Wenn sich also zwei Hunde bedrohlich anstarren oder ein Neuling in einer Gruppe zunächst einmal angefeindet wird, muss nicht unbedingt gleich Grund zur Sorge bestehen. Solange keine ernste Gefahr droht oder einer der Hunde komplett unterlegen ist, kann man ruhig einmal die Tiere ihre Situation klären lassen.

Wenn ein Hund dauerhaft Aggression zeigt, kann das neben der Einstellung seiner Bezugsperson, die er automatisch übernimmt, auch ein Ausdruck von Frustration oder Unsicherheit sein. Das haben wir sehr anschaulich erlebt, als Dorle ihren B-Wurf bekam und ihre Tochter Anou zum ersten Mal mit Welpen konfrontiert wurde. Die führende Rolle ihrer Mutter Dorle hat sie von Anfang an ohne Diskussion akzeptiert. Sie ist keine Rudelführerin, bildet aber ein wunderbares Team mit ihrer Mutter und sorgt immer für Balance und frischen Wind. Kaum waren allerdings ihre kleinen Halbgeschwister auf der Welt, erlebten wir sie ganz anders. Obwohl Dorle sie ohne Aggression in ihrer Nähe neben der Wurfkiste anstandslos duldete, verhielt sich Anou zunächst sehr verängstigt und als die Welpen mobiler wurden und Kontakt zu ihr aufnehmen wollten, geriet sie fast in Panik.

Zunächst dachten wir, dass sie sich vielleicht in ihrer Stellung bedroht fühlte. Doch dann fiel uns der Blick auf, den Dorle ihr jedes Mal zuwarf, wenn Anou auch nur in die Nähe ihrer Kinder kam. Anou war in einem Zwiespalt, weil sie einerseits ganz nah bei Dorle sein wollte, und gleichzeitig deren Beschützerinstikt spürte. Sie hatte so großen Respekt vor ihrer Mutter und entwickelte eine regelrechte Angst vor den kleinen Hündchen. Mit zunehmender Beweglichkeit der Welpen, ein immer größeres Interesse an ihrer Schwester zeigten, wuchs ihre Angst vor ihnen und sie versuchte den Abstand zu wahren. Dorle blieb währenddessen immer ruhig und gelassen, allein die Annäherung ihrer Halbgeschwister erzeugte bei Anou großen Stress. Gleichzeitig wollte sie ganz nah mit dabei sein, reagierte aber auf die neugierigen Welpen mit großer Abwehr. Wir begannen schon, uns zu fragen, ob sie denn gar keinen Instinkt, gar keine eigene mütterliche Seite habe, die ihr eingab, dass diese Welpen nicht bedrohlich waren.

Dann allerdings ereignete sich eine Situation, die uns ganz deutlich das Gegenteil bewies. Wir hatten Besuch von Kindern, mit denen wir zusammen die Welpen und die erwachsenen Hunde in den Garten bringen wollten. Dazu mussten wir den Hinterhof des Hauses überqueren, wobei jeder einen Welpen auf dem Arm trug. Plötzlich geschah es, dass sich Brix, der es nicht erwarten konnte auf die Wiese gesetzte zu werden, sich aus dem Arm des Mädchens befreite und auf den Boden sprang. Erschrocken über den eigenen Mut lief er nicht in den Garten, sondern den Weg zurück zum Haus in Richtung einer Straße. Das ging so schnell, dass wir nicht sofort reagieren konnten. Zum Glück erkannte Anou sofort die Gefahr der Situation, sie sprintete los, schnitt Brix den Weg ab und hielt ihn mit ihren Pfoten fest umklammert. Das war ein sehr eindrucksvolles Erlebnis, weil Anou bislang, auf jeden Annäherungsversuch von Brix mit Abwehr reagiert hatte Doch in einem Moment wirklicher Gefahr vergaß sie ihre Angst und beschützte den tollpatschigen Welpen. Nicht einmal Dorle, die eigene Mutter, hatte so schnell und sicher reagieren können.

Von da an war allen klar, dass Anou sehr wohl über einen äußerst zuverlässigen Instinkt verfügt und dass ihre Aggressionen nur von ihrer Angst beziehungsweise dem Respekt vor ihrer Mutter herrührten. Als wir kurz darauf den Versuch unternahmen, Anou ohne Dorle mit den Welpen im Garten zusammenzubringen, erlebten wir eine völlige Veränderung. Innerhalb kurzer Zeit, und nach unermüdlichen Annäherungsversuchen der kleinen Hunde, legte sie ihre Angst ab und begann, mit den Welpen zu spielen. Von diesem Moment an entwickelte sie sich zu einer wunderbaren „großen Schwester", die sich um die Welpen kümmerte, sie sauberschleckte, hingebungsvoll mit ihnen spielte und sie geduldig erzog. Das Ergebnis dieser Geschichte zeigt, wie sehr die Gefühle und damit das Verhalten eines Hundes von seinem sozialen Umfeld beeinflusst werden, aber auch, wozu sie fähig sind. Vor allem spüren sie den Ernst einer Situation und können unterscheiden, was wichtig ist, welche Konsequenzen daraus entstehen und wie sie in ihrem Rudel friedlich zusammenleben können.

Hunde sind sehr empathische und sensible Wesen, die ein großes soziales Potential in sich tragen und deren Eigenschaften unser Leben so überaus wertvoll machen können.

Kapitel 7

Wenn Hunde etwas tragen

Ich bin davon überzeugt, dass jeder Hund mit der Fähigkeit zur Empathie und Loyalität zur Welt kommt. Dank seiner Bereitschaft, sich unterzuordnen, Aufgaben zu übernehmen und seinen Menschen bedingungslos zu lieben, ist er nicht nur ein Freund, der durch Dick und Dünn geht, sondern vor allem ein Therapeut. Das geht manchmal so weit, dass ein Hund Spannungen übernimmt, die um ihn herum herrschen, und dadurch eventuell sogar organisch erkrankt.

Ich selbst habe das in der Vergangenheit mit meinem Entlebucher Sennenhund Lukas erlebt. Bereits im Alter von neun Monaten entwickelte er ein Harntröpfeln, das durch mehrere Tierärzte, einer Tierklinik und eines Tierheilpraktikers nicht erfolgreich zu behandeln war. Wo auch immer Lukas stand, lag und lief, verlor er ohne nachweislich organische Ursache ständig Urin. Die verschiedensten Medikamente brachten keine Veränderung der Situation. Nach vier Jahren lästigen Putzens und am Ende meiner Weisheit, war ich verzweifelt, da ich mich fragte, wie ich mit meinem Hund und diesem Problem noch viele Jahre überstehen sollte.

Schließlich fand ich einen Tierarzt, der mein Problem verstand und entsprechend ernst nahm. Er riet mir zu einer Kastration und für den Fall, dass diese nicht hilfreich wäre, bot er mir an, mit mir zusammen einen Platz für Lukas zu finden, wo er vor allem draußen leben könnte und sein Leiden niemanden stören würde.

Zum Glück hatten wir die richtige Entscheidung getroffen, denn das Harntröpfeln trat nach der Kastration nicht mehr auf. Leider konnte mir der Tierarzt allerdings auch keine Erklärung für das Problem geben. Ich war damals einfach nur erleichtert und Lukas konnte noch viele Jahre glücklich bei mir bleiben.

Sieht man nun diese Geschichte aus dem Blickwinkel der Übertragung, so konnte ich folgende Erklärung für mich finden. Lukas kam zu uns, weil ich dem Wunsch meines damaligen Partners nach einem eigenen Hund zustimmte. Nach einem Besuch bei einem Züchter, ließ ich mich überreden, den Welpen spontan gleich mitzunehmen. Lukas stellte mein Leben ziemlich auf den Kopf, denn eigentlich war ich auf ein Leben mit einem temperamentvollen Welpen nicht eingestellt. Wie so oft schon vorher, war ich plötzlich in einer Lebenssituation, die ich selbst so nicht entschieden hätte. Ich schloss Lukas aber sofort in mein Herz und nahm deshalb alles, was ich mit ihm erleben sollte, gerne hin.

Als die Harninkontinenz bei ihm auftrat, war er gerade im sensiblen Pubertätsalter und ich erfuhr erst Jahre später, was Lukas in dieser Zeit erlebt hatte. Um als Alibi für die Untreue meines Partners zu dienen, wurde er oft Zeuge von, mir damals nicht bekannten, Situationen. Weil Lukas dachte, das wäre ein Spiel, wollte er als junger Hund selbstverständlich mitmachen. Dabei wurde er immer wieder lieblos weggetreten oder mit viel Kraft gegen die Wand geschleudert. Ein Hund erkennt wahrscheinlich nicht die Bedeutung dieser Situation, in diesem Fall aber mit Sicherheit schlimmer, war das Verhalten seines geliebten Besitzers ihm gegenüber.

Von all diesen Übergriffen habe ich erst lange nach der Trennung erfahren, Lukas war bei mir geblieben und damit auch sein Inkontinenzproblem. Viele Jahre später, lange nach seinem Tod, wurde mir bewusst, was mein Hund ausgedrückt hatte.

Lukas war ein temperamentvoller, aber sehr ausgeglichener Rüde. Raufereien oder ständiges Aufreiten waren nie ein Problem, auch läufige Hündinnen interessierten ihn nur bei direktem Kontakt. Sein unkompliziertes freundliches Wesen hätte eine Kastration nie erfordert.

Ich kann das unbehagliche Gefühl sehr gut nachvollziehen, wenn man erkennt, dass der eigene Hund ungefragt und geduldig Spannungen aufnimmt. Ob es sich nun um Unarten oder eine tatsächliche körperliche Erkrankung handelt, können Auffälligkeiten durch Stress verursacht werden, wenn der Hund die Probleme seiner Bezugspersonen übernimmt. Natürlich fühlt man sich als Besitzer dann auch in gewisser Weise schuldig, allerdings muss man sich darüber im Klaren sein, dass schon das Bewusstwerden der Ursachen für diese Spannungen der erste Schritt zur Besserung ist. Manchmal kann man die Situation auch selbst nicht sofort radikal verändern. Wenn man aber erkennt, warum es so ist, verändert sich bereits in diesem Prozess die Situation. Eine echte und dauerhafte Lösung braucht ohnehin viel Zeit, Geduld, Ausdauer und Überzeugung.

Was kann ich tun, wenn ich feststelle, dass mein Hund etwas von mir trägt?

- Das Thema „Tragen“ ist unweigerlich mit dem Thema „Loslassen“ verbunden. Indem ich etwas festhalte, gebe ich auch meinem Hund keine Möglichkeit, sich zu ändern.

- Wie kann ich loslassen? Das ist an sich einfach, und doch fällt es vielen Menschen sehr schwer. Oft tritt das Nichtloslassenkönnen in Form von Ängsten, v. a. Verlustängsten auf, die darauf hindeuten, dass der Betreffende innerlich nicht bereit ist, einen belastenden Zustand zu ändern. Als Therapeutin bin ich sehr oft damit beschäftigt, einen Menschen aus seiner „Komfortzone Angst" herauszuholen und ihn damit zu konfrontieren, dass er selbst derjenige ist, der nicht loslassen will.
- Wenn ich nicht möchte, dass mein Hund etwas für mich trägt und deshalb möglicherweise krank wird, dann sollte ich damit beginnen, mich selbst zu reflektieren.

Kapitel 8

Jeder Hund ist ein Therapeut

Würden wir erkennen, was unsere Hunde alles für uns tragen, so sähe manche Mensch-Hund-Beziehung anders aus. Wie zeigt sich das? Ein guter Therapeut fordert heraus. Das ist oft ein schwerer Weg, unangenehm und langwierig. Dieses Lernen mit dem Therapeuten erlebe ich seit vielen Jahren bei meiner Tätigkeit als Homöopathin. Ich weiß aus Erfahrung, dass eine Heilung nur stattfinden kann, wenn ich mich mit mir selbst versöhne, verzeihe und bereit bin, mich neuen Wegen zu öffnen.

Dies kann auch auf die Beziehung Hund-Mensch übertragen werden. Hunde sind, da sie eigentlich in einem Rudel leben, sehr sensibel, sozial und instinktsicher. Dank dieser Fähigkeiten können sie ihrem Rudelführer folgen, seine Absichten erkennen und sich schützend oder tragend neben ihn stellen. Das gilt für Wölfe oder Hunde jeweils untereinander, aber genauso für einen Hund, der mit einem oder mehreren Menschen zusammenlebt. Die Voraussetzung dafür ist eine vertrauensvolle Bindung, die auch von dem Menschen ausgehen muss.

In einem freilebenden Wolfsrudel, das ich hier als Vergleich wähle, verteilen sich die Aufgaben nach den Charaktereigenschaften der Rudelmitglieder. Es hängt also vom Temperament des Tieres ab, welche Rolle es im Rudel einnimmt. Da der Mensch dem Hund das Rudel ersetzt, bedeutet dies für deren Rollenverteilung: Ist der Mensch in seiner Persönlichkeit eher ein schwacher, nachgiebiger Charakter, ist der Hund vermutlich das genaue Gegenteil. Wahrscheinlich hat dieser Mensch in seinem Leben Schwierigkeiten, sich durchzusetzen, wird oft ausgenutzt oder tut sich schwer damit, Entscheidungen zu treffen. Sein dominanter Hund fordert ihn heraus und bringt ihn so an seine Grenzen. Er zwingt ihn sozusagen dazu, sich zu behaupten, da er sonst gegenüber dem starken Willen seines Hundes keine Chance hätte. Der Mensch kann in diesem „Kräftemessen" aber auch erkennen, welche Fähigkeiten in ihm selbst schlummern. Interessanterweise suchen sich „eher schwache" Menschen oft gerade deshalb einen starken Hundecharakter.

Genauso verhält es sich auch in umgekehrten Rollen. Ein Mensch, der dazu neigt, zuallererst an sich zu denken und die Bedürfnisse und Wünsche anderer Menschen zu übergehen, landet vielleicht bei einem äußerst sensiblen, vorsichtigen, ja sogar ängstlichen Hund. Dieser verlangt eigentlich eine gewisse Sanftheit in seiner Erziehung. Wenn sein Besitzer sich darauf einlassen würde oder erst durch ein problematisches Verhalten seines Hundes dazu gezwungen wird, kann er einiges dabei für sich selbst lernen. All seine Stärke und Vehemenz kann er in positive und konsequente Führung umleiten und seine Energie einem anderen Wesen zuliebe nutzen.

Doch auch wenn sich Hund und Besitzer in ihrem Charakter mehr ähneln als unterscheiden, wirkt der Hund auf therapeutische Weise. Ein Mensch, der – wie eben beschrieben – dazu noch einen sehr dominanten Hund hat, erlebt, wie schwierig der Umgang oder gar das Zusammenleben mit ihm sein kann. Der Hund übernimmt vielleicht auch erst viel Aggression von der Einstellung des Menschen. Will der Mensch nun eine wirklich harmonische Beziehung schaffen und die Interaktion mit anderen Hunden und Menschen verbessern, muss er genau an dieser Einstellung arbeiten. Sobald ihm klar wird, wie er selbst auf andere wirkt und mit ihnen umgeht, öffnet er sich auch für mehr Empathie und Nachgiebigkeit. Das wiederum gibt dem Hund die Möglichkeit, seinen ständigen Kampf aufzugeben und mit, anstatt gegen andere zu arbeiten.

Ein sehr schüchterner, ängstlicher Hund dagegen kann auch einem zurückhaltenden, unsicheren Menschen sehr viel lehren. So ähnlich verhielt es sich bei Dorle und mir. Weil sie als junger Welpe so vorsichtig war, entwickelte ich eine große Stärke, mit deren Hilfe ich ihr ein Gefühl der Sicherheit vermittelte, und setzte mich um ihretwillen auch gegen andere durch. Schließlich erkannte ich ihren verborgenen Mut und fand so den meinen. Zusammen haben wir viel gelernt und sind wohl beide gewachsen.

Natürlich sind die Kombinationen der Persönlichkeiten von Besitzer und Hund nicht immer so klar abgegrenzt, doch es gibt immer gewisse Ähnlichkeiten beziehungsweise Kontraste, die uns als Menschen herausfordern. Und so ist es möglich, dass ein Hund als Therapeut und Lehrer fungieren kann und uns auf sehr tiefgreifende Art und Weise verändert. Erkennt man dieses Lernpotential, so kann sich jeder Mensch mit der Hilfe und am Beispiel seines Begleiters weiterentwickeln. Wenn er schließlich diese Erfahrungen nicht nur im Umgang mit ihm, sondern auch in seinem restlichen Leben umsetzt, werden die beiden ein wunderbares Team.

Kapitel 9

Was will dein Hund dich lehren?

Ich habe bereits davon gesprochen, wie wichtig es ist, Hunde nicht zu vermenschlichen. Das geschieht nur allzu oft und ist meist ein Zeichen einer unausgewogenen Beziehung oder tieferlegender Probleme. Es ist nur deswegen möglich, weil es dem Hund an sich sehr gut gefällt, eine menschliche Rolle anzunehmen und weil er das aufgrund seiner Eigenschaften auch kann. Mit seiner Sensibilität nimmt er die Erwartungen seines Menschen wahr und kann aufgrund seiner Empathie widerspiegeln, was dieser in ihm sieht.

Sollte sich zeigen, dass der eigene Hund viele meiner ungelösten Strukturen übernommen hat und ich bereits auf dem Weg der Erkenntnis dessen bin, dann beginnt die eigentlich spannende Arbeit. Ich muss versuchen, mir klarzumachen, was mir, meist unbewusst oder verdrängt, Probleme oder Stress erzeugt. Niemand von uns ist perfekt, vielmehr nagt an den meisten irgendein ungelöster Konflikt. Es ist auch völlig normal, dass wir das, womit wir selbst nicht zurechtkommen, auf die Interaktionen mit anderen übertragen. Das kann sich auf die Beziehungen mit anderen Menschen auswirken, aber auch gerade der eigene Hund nimmt als hoch soziales Wesen jede noch so unbeabsichtigte Spannung und Laune wahr. Er sucht aber nie, zumindest nicht willentlich, eine Konfrontation. Als Hund bemerkt er, dass sein Mensch ein Problem mit sich herumträgt, kann ihn aber nicht fragen, was denn los sei, und genauso wenig kann er ihm sagen, was sich ändern sollte.

Aus Erfahrung kann ich meist schon daran, wie sich ein Hund verhält, erkennen, was tief in seinem Besitzer vorgeht. Das muss nicht unbedingt nur negativ sein, denn es ist ja gerade die Empathie eines Hundes, die ihn zu einem so wertvollen und geschätzten Begleiter macht. Wenn ich als Besitzer allerdings mit einem „Problemhund" zu kämpfen habe, ist es oft darauf zurückzuführen, dass er eine tieferliegende Spannung von mir übernommen hat. Das Verhalten oder die Eigenschaft, die der Besitzer bei seinem Hund als negativ oder problematisch empfindet, rührt dann in diesen Fällen meist ihm selbst her.

Mit meinen beiden Hunden habe ich viel Zeit in der Hundeschule verbracht. Schon dort kam mir die Erkenntnis, dass nicht der Hund, sondern sein Besitzer die Ursache der meisten Probleme ist. Doch wie kann ich mein Verhalten verändern, solange ich nicht weiß, was ich eigentlich lernen soll? In der Hundeschule entsteht daraus häufig eine Situation, die von Druck und Stress geprägt ist, weil der Hund möglicherweise negativ auffällt und der Mensch vor Trainern und anderen Besitzern nicht schlecht dastehen will. So versucht man dann oft, das eigentliche Problem zu verdrängen, zu verdecken oder durch übermäßigen Druck auf das Tier zu kompensieren. Allerdings entsteht bei Druck auch sofort beim Hund eine Stresssituation. Auch diese Spannung übernimmt das Tier, und der Teufelskreis beginnt von Neuem.

Ich habe die Erfahrung gemacht, dass sich die ganze Situation entspannt, wenn erst einmal der Leistungsdruck wegfällt. „Keine Leistung" ist immer noch besser als eine unter Anspannung erzwungene. Will man dem Problem auf die Spur kommen, muss man sich und sein eigenes Verhalten reflektiert betrachten, ohne Eitelkeit oder Stolz, und sich die Frage stellen, was man selbst dazu beigetragen hat, dass der Hund nun so reagiert. Erst dann kann man versuchen – etwa durch Eigenreflektion oder Hilfe von außen –, diese Probleme mit sich selbst zu klären, und so diese Last vom Hund zu nehmen. Es ist ein Lernprozess und beginnt damit, sich seines Verhaltens und seiner Einstellung bewusst zu werden.

Wenn ich Dorles Sturheit als Beispiel dazu betrachte, war es mir oft unangenehm, wenn sie sich bei manchen Übungen in der Hundeschule einfach querstellte. Erst im Nachhinein wurde mit bewusst, dass mein Unbehagen weniger mit diesem eigentlichen Verhalten zusammenhing. Damals schon selbständiger und unabhängiger, wäre ihr gelegentlicher Mangel an Motivation vielleicht nur eine kleine Eigenheit gewesen. Ich allerdings lernte erst im Laufe der Zeit, dass es mir wichtiger ist, den Charakter meines Hundes zu respektieren, als den Erwartungen anderer gerecht zu werden.

Nicht jede kleine Schwierigkeit im Alltag hat tiefere Ursachen und muss sofort „therapiert“ werden. Allerdings sollte jeder, der sich schon einmal frustriert und verständnislos gefragt hat „Warum muss mein Hund so sein, warum tut er das?“, darüber nachdenken, was dieses Verhalten mit ihm selbst zu tun haben könnte.

Mir begegnen in meinem Leben als Hundehalterin, Züchterin und Therapeutin immer wieder typische Mensch-Hund-Teams, die mit charakteristischen Problemen oder Situationen zu kämpfen haben. Im Folgenden möchte ich einige davon vorstellen und Anregungen geben, wie diese Spannungen zustande kommen und wie man sich ihrer bewusst werden kann. Ich selbst möchte mich dabei nicht von Fehlern ausnehmen. Ich habe, seit ich Hunde besitze, viel falsch gemacht, aber auch viel gelernt. Und obwohl man Menschen natürlich nicht einfach in Kategorien stecken kann, glaube ich doch, dass sich jeder Hundebesitzer in dem einen oder anderen Beispiel wiedererkennt und so die Chance bekommt, die Beziehung zu seinem Hund zu verbessern.

Der perfekte Hund

Ob beim Spaziergang oder im Hundetraining, perfekte Hunde absolvieren jede Übung mit Leichtigkeit und ohne Fehler; schon auf den kleinsten Wink des Besitzers befolgen sie das richtige Kommando. Natürlich ist es schön, so einen Hund zu besitzen, doch logischerweise ist dieses Verhalten nicht einfach angeboren. Oft sind es sehr ehrgeizige Menschen, die viele Trainingseinheiten in der Hundeschule und Seminare absolvieren. Dieser Anspruch an Perfektion stammt aber allein vom Menschen, ich wage zu behaupten, dass es keinen Hund gibt, der von Natur aus ehrgeizig ist. Kein Hund verbringt aus freien Stücken Stunden damit, einen Befehl immer und immer wieder auszuführen. Für einen Hund gibt es noch nicht einmal richtig und falsch, es ist nur die Reaktion seines Besitzers, die darüber entscheidet. Das heißt nicht, dass es einem Hund nicht Spaß macht, mit dem Menschen zu arbeiten oder Neues zu lernen. Aber bei dieser Art von ehrgeizig motivierten Drill, den ich hier beschreibe, ist nicht die Übung an sich gemeint, sondern das Streben nach der Anerkennung seines Menschen.

Ein Hund ist kein Roboter, funktioniert nicht immer nach Plan und hat manchmal einfach keine große Lust zu arbeiten. Doch gerade perfektionistische Hundehalter lassen ihren Hunde Frustration deutlich spüren, wenn Fehler passieren. Sie stellen sich und ihren Hund in den Mittelpunkt und werden für ihre Leistungen gerne bewundert.

Ich habe im ersten Jahr in der Welpenschule mit Dorle die Erfahrung gemacht, dass ich gerne „perfekter" gewesen wäre, mir aber der nötige Ehrgeiz dazu fehlte. Außerdem ist Dorle ein sehr sensibler Charakter, der nicht gut auf Stress reagiert, und ihre Eigenwilligkeit sorgt dafür, dass sie an manchen Tagen einfach keine Motivation hat. In unserer Gruppe war allerdings eine Hündin, die schon als Welpe alle Befehle perfekt beherrschte. Sie war nicht nur der Liebling der Trainerin, sondern zusammen mit ihrer Besitzerin auch stets ein sehr schöner Anblick. Immer im Augenkontakt mit ihrem Frauchen, absolvierte die Hündin die Aufgaben federleicht, während wir anderen mit unseren Welpen versuchten, in die Nähe ihres Niveaus zu kommen. Allerdings war sie schon im Welpenalter im Umgang mit Artgenossen sehr eigen, verstand sich nur mit sehr wenigen anderen Welpen und provozierte immer wieder Konflikte. Irgendwann kam es zwischen Dorle und dieser Hündin zu einer handfesten Auseinandersetzung im Ringen um den Platz in einem Autoreifen. Dorle war zuerst dort und verteidigte ihre Position so energisch, wie ich es seitdem von ihr nicht mehr erlebt habe. Durch diese Demonstration zeigte meine sonst so vorsichtige und umgängliche Dorle sehr genau, wo sie ihre Position in diesem neuen Rudel sah. Völlig unbeeindruckt von dem Auftreten des anderen Welpen und dessen Rolle als Vorzeigehund bewies sie ihre Stärke und Eigenwilligkeit.

Natürlich war mir das damals etwas unangenehm, denn ich hatte noch keine Ahnung, welch kleine Rebellin in Dorle steckte. Insgeheim war ich aber stolz und dankbar, weil meine kleine Hündin sich nicht von deren übertriebener Selbstdarstellung, blenden ließ. Damals fing ich an, viele Dinge in der Hundeerziehung in Frage zu stellen und lieber meinem Bauchgefühl zu folgen. So perfekt diese kleine Hündin vielleicht schon erzogen war, so schwierig stellte sie sich im Umgang mit anderen Hunden dar, kein Wunder, denn sie war es ja auch schon immer gewöhnt, eine Extrabehandlung zu bekommen.

Wenn ich mich als Hundeführer ehrlich betrachte und Frustration darüber feststelle, dass mein Hund nicht perfekt ist, wenn ich merke, dass der Antrieb meiner Arbeit mit dem Hund mein eigener Ehrgeiz ist, und nicht sein Wohlbefinden, dann kann ich mir folgende Fragen stellen. Sie helfen mir dabei, zu ergründen, woher dieses innere Streben nach Perfektion kommt:

- Warum brauche ich einen perfekten Hund?
- Was will ich damit beweisen?
- Was ist in meinem Leben nicht perfekt?
- Welche Leistungsbelohnungen kenne ich aus meinen Erfahrungen in der Kindheit?
- Experiment: Ich stelle mir vor, ich würde mit meinem Hund auf einer einsamen Insel und ohne jede Beobachtung oder Verpflichtung leben. Womit würden wir uns

beschäftigen, wenn wir uns um nichts anderes als unsere Freizeit kümmern müssten? Kann ich diese Aktivitäten auch im normalen Alltag umsetzen?

Der „Hund ohne Grenzen"

Respektloses Verhalten begegnet mir als Hundehalterin sehr oft. Ob nun bei anderen Hunden, die Grenzen überschreiten und in Gruppen alles durcheinanderbringen, oder beim eigenen Hund, der die Autorität seines Besitzers einfach nicht ernst zu nehmen scheint. Dabei muss man unterscheiden, ob sich die Respektlosigkeit eher im Umgang mit anderen Hunden oder mit Menschen zeigt. Denn zum einen gibt es Hunde, die beispielsweise den Freiraum und die Signale ihrer Artgenossen nicht respektieren, die deshalb übertrieben aufdringlich sind und sich nicht abwehren lassen. Aber auch spielfreudige Charaktere trifft dies zu, welche die abweisende Haltung ihres Gegenübers einfach ignorieren und dadurch riskieren, dass ihnen vehemente, auf den ersten Blick vielleicht aggressiv wirkende Abwehr entgegenschlägt. Genauso kann aber auch ein sehr unterwürfiger, ängstlicher Hund zu Grenzüberschreitungen neigen, etwa durch ständiges und unbegründetes Beschwichtigen und Anbiedern, das von seinen Artgenossen nicht gefordert wird, sondern diesen im Gegenteil eher auf die Nerven geht.

Ähnlich verhält es sich, wenn respektloses Verhalten in der Beziehung zum Besitzer auftritt, dessen Grenzen der Hund überschreitet. Dabei können diese Grenzen verschiedene Bedeutungen haben. Einerseits gibt es Hunde, die ihre eigene Position und damit die Autorität ihres Menschen als Rudelführer nicht respektieren. Das kann in der Erziehung problematisch werden, wenn der Hund die Anordnungen des Menschen nicht befolgen will, weil er sich eigentlich selbst als Chef sieht. Besonders in gefährlichen Situationen, etwa im Straßenverkehr oder bei Begegnungen mit anderen Hunden, ist es aber unbedingt notwendig, dass man sich als Besitzer auf das Verhalten seines Hundes verlassen kann. Grenzen können sich aber auch auf den persönlichen Freiraum beziehen: In diesem Fall handelt es sich um Hunde, die ständig und übertrieben Körperkontakt suchen, anspringen oder sich kaum abwehren lassen.

Man kann die Situation aber auch aus einem anderen Blickwinkel betrachten. Das Einhalten von Grenzen lernt der Hund schließlich vor allem durch seinen Besitzer. Wenn man Schwierigkeiten hat, Grenzen zu setzen, wird souveräner Führung auch schwerfallen. Dabei ist Konsequenz ist nicht gleichzusetzen mit starrem Festhalten an Regeln. Auch in einer konsequenten Führung gibt es immer die Möglichkeit, sich neu zu definieren, ohne dass dies gleich ein Nachgeben bedeutet. Entscheidend für eine wirkliche, natürliche Autorität ist die Bereitschaft, sich die Situation immer wieder neu vor Augen zu führen und sich auf Veränderungen einzustellen. Gleichzeitig muss aber auch die Sicherheit in der eigenen Position und in der Kompetenz als Rudelführer beachtet werden. Das spürt ein Hund in Sekundenschnelle und lässt sich auch darauf ein.

Sollte der Hundeführer immer wieder das Gefühl haben, dass sein Hund sein Leben bestimmt, sind die oben genannten Aspekte die Ursache. Ein Hund verhält sich nicht aus böser Absicht so, sondern weil er keine verlässliche Grenze spürt und somit die Aufgabe der Führung übernimmt.

Mache ich die Erfahrung, dass mein Hund meine Befehle einfach nicht ernst zu nehmen scheint, oder dass er in seiner Suche nach Nähe meinen Freiraum übergeht, dann sollte ich mich mit diesen Fragen beschäftigen. Genauso, wenn ich immer wieder erlebe, dass sich mein Hund Artgenossen oder anderen Menschen gegenüber übergriffig verhält.

- Fällt es mir schwer zu zeigen, was ich möchte, oder gebe ich oft widersprüchliche Signale?
- Was habe ich davon, wenn ich mich inkonsequent verhalte?
- Was ist in meinem Leben nicht perfekt?
- Kaschiere ich manchmal Nachgiebigkeit mit liebevollen Worten?
- Welche Bedeutungen oder Erfahrungen verbinde ich mit dem Wort Konsequenz?
- Wie wurde ich als Kind erzogen und mit Grenzen konfrontiert?
- Wie gehe ich selbst mit den Grenzen anderer um?
- Experiment: Ich mache eine Liste von drei Grenzen, die ich meinem Hund im Alltag setze und die er einhalten soll, etwa „Kein Anspringen bei der Begrüßung“. Ich muss eine Konsequenz für jede Überschreitung dieser Grenzen finden. Um im Beispiel zu bleiben: Wenn der Hund mich ständig anspringt, schicke ich ihn in sein Körbchen und beschäftige mich mit etwas anderem. Ich konzentriere mich eine Woche lang nur auf die Ein-

haltung der drei von mir ausgewählten Grenzen und beobachte, wie sich der Hund verhält. Ist er erst einmal überrascht? Wenn er merkt, dass es keine Diskussion, kein „Na gut, dann eben doch…“ gibt, fügt er sich dann? Wie fühle ich mich dabei, meine Autorität durchzusetzen?

Der aggressive Hund

Viele Menschen haben Angst vor Hunden, weil sie schlechte Erfahrungen gemacht haben, bedroht oder sogar gebissen wurden. In manchen Fällen ist die Ursache solchen aggressiven Verhaltens eine negative Prägung des Hundes, wenn er beispielsweise als Welpe von einem anderen Hund angefallen oder von seinem Besitzer misshandelt wurde. Doch oft zeigt ein Hund, scheinbar ohne ersichtlichen Grund, eine Aggressivität, die sich der Besitzer nicht erklären kann. Logischerweise bringt das Schwierigkeiten im Alltag mit sich, denn der Halter eines solchen Tieres muss immer auf der Hut sein, da Konflikte drohen. Selbst eine noch so simple Begegnung mit anderen Hunden oder Menschen wird zum Stressfaktor. Noch problematischer ist es, wenn der Hund seine Aggression auf den Besitzer richtet und dieser keine Kontrolle mehr ausüben kann. Und dann gibt es wiederum Hunde, die vermeintlich friedlich sind, zu Hause die liebsten Gefährten mimen, sich jedoch draußen in wahre Raufbolde verwandeln.

Auch hier lässt sich wieder eine Übertragung feststellen. Ein Hund übernimmt selbstverständlich unterschwellig aggressives Verhalten seines Hundeführers. Dieses Verhalten eines Menschen muss nicht unbedingt in eine offene Konfrontation münden, eher handelt es sich um eine tiefliegende Frustration oder Wut, die sich sporadisch gegen andere oder auch den Betreffenden selbst richten kann. Der Hund nimmt solche Spannungen noch vor dem Menschen selbst wahr und zeigt sie im Gegensatz zu diesem auch ganz offen nach außen.

Gerade bei Besitzern eines aggressiven Hundes habe ich oft beobachtet, dass die Halter mit großem Druck oder sogar Gewalt versuchen, das Tier zu beherrschen. Das ist allerdings, wie eigentlich immer im Umgang mit Hunden, kontraproduktiv. Anstatt die Aggressivität des Hundes mit noch mehr Aggressivität zu beantworten, muss sich der Mensch darüber klar werden, wo denn seine eigene Wut herrührt, beziehungsweise sich ihrer überhaupt erst bewusst werden. Wer diesen Teufelskreis durchbrechen möchte, muss lernen, sich auf positive Erfahrungen einzulassen, und solche gezielt zu suchen.

Nehmen wir das Beispiel eines Rüden, der andere Rüden anknurrt oder Raufereien beginnt, wenn diese größer sind als er. Vielleicht wurde er als junger Hund selber angefallen oder gebissen, vielleicht gab es eine traumatische Begegnung mit einem Artgenossen, bei der sich zeigte, dass die jeweiligen Besitzer selbst einen Konflikt miteinander hatten. Hunde beobachten sehr genau die Einstellung ihres Menschen, wenn sie in gewissen Situationen nicht sicher sind, wie sie sich verhalten sollen. Das kann vorteilhaft sein, wenn der Mensch Sicherheit und Ruhe ausstrahlt. Im Fall unseres Rüden hat der Besitzer aber möglicherweise unbewusst ein negatives Verhaltensmuster erzeugt oder zumindest bestärkt. Vielleicht fand er es am Anfang ganz gut, dass sein Hund sich Größeren gegenüber behauptet, und war insgeheim stolz auf dessen Mut, oder er hatte bei solchen Begegnungen Angst um seinen Hund, sodass er diesem das Gefühl vermittelte, sich verteidigen zu müssen.

Immer wieder sehe ich Hundeführer, die beim Spaziergang mit ihrem Hund, sobald man sich ihnen nähert, die Richtung ändern oder den Weg verlassen, um möglichst viel Abstand zwischen sich und dem entgegenkommenden Hund zu bringen. Doch welche Reaktion löst das beim Hund aus? Er merkt, dass sein Mensch angespannt ist und in gewisser Weise flüchten will. Weil er der Einschätzung seines Rudelführers vertraut, schließt er daraus, dass es sich um eine ernste Gefahr handeln muss, und reagiert logischerweise damit, sich und sein Rudel zu verteidigen. So verstärkt der Mensch in dem Versuch, einem Konflikt aus dem Weg zu gehen, das eigentliche Problem.

Noch schlimmer ist es, wenn der Besitzer meint, mit extremer Strenge oder Bestrafung auf das Verhalten seines Hundes reagieren zu müssen. Offenbar fürchtet dieser Halter einen Autoritätsverlust, weil er glaubt, sein Hund würde gegen ihn rebellieren, oder das Knurren und Schnappen seines Hundes ist ihm in Anwesenheit der anderen Hundeführer oder der Spaziergänger einfach nur peinlich. Auch die Angst, nicht mehr Herr der Lage zu sein, kann ein Grund sein.

Kehren wir noch einmal zurück zu unserem Beispiel des aggressiven Rüden. Sein Besitzer glaubt vielleicht, er könne durch eine harte Hand dem Hund das unerwünschte Verhalten aberziehen, und schreit nachdrücklich „Nein!“, wenn dieser wieder einmal beginnt, angesichts eines Artgenossen zu knurren oder das Fell zu sträuben. Wenn der „Warnruf" nicht hilft, geht der betroffene Halter möglicherweise dazu über, an der Leine zu ziehen oder gar mit dem Fuß zu treten. Doch mit dieser Methode macht er das Problem nur schlimmer. Denn mit der eigenen Aggression kann der Mensch die des Hundes nicht verringern, und Druck ist in einer solchen Situation wenig hilfreich. Seine natürliche Reaktion ist der Versuch, sich zu verteidigen, und das zeigt er durch sein noch aggressiveres Verhalten. Nach und nach wird daraus ein negativer Reflex, der immer auftritt, wenn der Rüde von weitem einen sich nähernden Hund bemerkt und die Anspannung seines Menschen spürt, die mit dieser Beobachtung einhergeht.

Doch wie kann der Besitzer versuchen, dieses Muster zu durchbrechen? Zuallererst muss er seine eigene Einstellung reflektieren und die Ursache des Problems ausfindig machen. Nur wenn er aufhört, das problematische Verhalten durch seine Reaktion noch zu bestärken, kann der Hund lernen, dass Aggression nicht nötig ist. Bis dahin waren Hundebegegnungen für den Rüden schlechte Erfahrungen, und das soll nun umgekehrt werden. Für ihn sollen Treffen mit anderen Hunden zu positiv besetzten Ereignissen werden, bei denen er sich nicht zu verteidigen oder zu behaupten braucht. Denn vor allem der Mensch muss lernen, seine ängstliche oder aggressive Haltung aufzugeben, und darauf vertrauen, dass sein Hund mit der Situation fertig wird. Das sind zu Beginn ganz kleine Schritte, die den Hund – und den Menschen – niemals überfordern dürfen.

Als nächstes käme der Versuch, den Rüden an der Leine neben dem Hund eines Freundes hergehen zu lassen, oder bei einem Spaziergang den Blickkontakt zum Hundeführer einzufordern, wenn man einen anderen Spaziergänger passiert. Schon solche kleinen Leistungen sollten überschwänglich belohnt werden, nicht nur unbedingt mit Futter, sondern auch indem der Mensch seine Freude und seinen Stolz zeigt, denn diese Gefühle sind dem Hund so viel mehr wert. So lernt er, positiv auf Artgenossen zu reagieren, während man selbst das Vertrauen gewinnen kann, in solchen Situationen ruhig und gelassen zu bleiben.

Wenn der Mensch nicht fähig ist, die Ursache bei sich zu erkennen, kann sich das sogar bei seinem nachfolgenden Hund wiederholen. Doch obwohl sie sich bewusst für einen ausgeglichenen Hund entschieden, entwickelte sich nach geraumer Zeit ein unterschwellig aggressives Verhalten. Vielleicht zeigte der neue Hund seine Aggression nicht mehr während des Spaziergangs draußen und verhielt sich mit seinen Artgenossen friedlich, legte aber stattdessen im eigenen Territorium sehr dominantes Verhalten an den Tag oder er knurrte Besucher an. Diese Verhaltensmuster zeigen sehr deutlich, dass die Einstellung des Besitzers auch das Benehmen seines Hundes beeinflusst oder zumindest verstärkt.

Wenn Sie mit unangebrachter Aggression ihres Hundes kämpfen, können Sie sich folgende Fragen stellen:

- Worauf in meinem Leben reagiere ich mit Ärger oder Wut?
- Wenn ich mich über etwas ärgere, unterdrücke ich diese Gefühle, um nach außen hin freundlich und ausgeglichen zu wirken?
- Welche Erfahrungen habe ich in der Kindheit mit Zorn gemacht, und wie verhielten sich meine Eltern dabei?

- Wenn ich mich in einer Situation unsicher fühle, reagiere ich dann mit Angst oder Frustration?
- Wenn mein Hund sich aggressiv verhält, wie reagiere ich dann normalerweise, und was denke ich mir insgeheim dabei?
- Experiment: Ich stelle mir vor, wie mein Hund in einer gewissen Situation aggressiv wird (oder ich beobachte einen solchen Fall, wenn ich ihn bei anderen erlebe). Was denke ich in dem Moment, in dem der Hund beginnt, sein Verhalten zu zeigen? Ich verhalte mich jetzt so, als wären all meine Gedanken laut hörbar. Will ich wirklich, dass jeder das hört, was gerade in meinem Kopf vorgeht? Wie müsste ich meine Einstellung ändern?

Der Hund als Menschersatz

Hunde sind aufgrund ihrer Eigenschaften sehr gut geeignet, einem Menschen zum Beispiel ein Kind oder einen Partner zu ersetzen. Fast jeder von uns wird eine solche Mensch-Hund-Beziehung kennen oder selbst in der Situation leben, die immer zu einer sehr engen und symbiotischen Beziehung führt. Hunde können auf jeden Fall eine emotionale Lücke ausfüllen und Menschen damit sehr glücklich machen. Eine gewisse Vermenschlichung ist ohnehin nicht zu vermeiden und fast jeder Hundehalter kennt das Gefühl, dass die Beziehung zueinander mit einer menschlichen vergleichbar ist. Die Möglichkeit, die sich dadurch für Mensch und Hund öffnet, ist von großem Vorteil für beide Seiten. Der Hund erfährt die gleiche Liebe und Wertschätzung, die man einem Mitmenschen entgegenbringen würde und man selbst findet in ihm einen verlässlichen und zugewandten Begleiter. Es sollte aber im Sinne des geliebten Hundes keine übergriffige Vermenschlichung stattfinden. Dabei würde der Mensch seinem Hund die Rolle, die dieser für ihn einnimmt aufzwingen, ohne Platz für sein natürliches, tierisches Wesen zu lassen. Jeder Hund bringt seinen eigenen Charakter und angeborene Instinkte mit, die ihn ganz unverwechselbar zu einem Hund machen. Bei aller Vermenschlichung sollte der Hund seine Seite als Tier ausleben dürfen, zum Beispiel im Kontakt zur Natur und Artgenossen und durch artgerechte Ernährung und Beschäftigung. Kurz gesagt: ein Hund sollte ein Hund bleiben dürfen.

Hunde, die menschliche Defizite ausgleichen, sind oft sehr liebe Tiere, die aber manchmal auch eine Körperhaltung einnehmen, als würde etwas Schweres auf ihrem Rücken liegen. Andere wirken wie ein verwöhntes Kind und sind extrem schwierig im Umgang mit ihren Artgenossen oder anderen Menschen. Eigentlich finden sich hier alle Facetten von Übertragungshandlungen, von Angst bis hin zur Aggression. Doch all diese Merkmale sind Anzeichen, dass der Hund etwas Entscheidendes für den Menschen trägt und dass er darunter – auch vielleicht nicht unbedingt im wortwörtlichen Sinne – leidet.

Auch wenn er alles Nötige von seinem Menschen bekommt, sowohl in materieller Hinsicht als auch durch Liebe und Zuwendung, bleibt die Entwicklung seines Wesens auf die Rolle beschränkt, die er für seinen Halter einnimmt. Der Hund kann keine eigenständige Persönlichkeit ausbilden, da er ständig die Erwartungen des Menschen wahrnehmen und erfüllen muss. Das tut er nicht bewusst, aber das Verhalten entspricht nun einmal seinem Wesen. Aus dem Rudeltrieb hat sich beim Hund eine große Sozialkompetenz entwickelt, die sich im Zuge der Domestikation noch verstärkt hat und die enge Bindung an den Menschen ermöglicht. Der Hund kann also gar nicht anders, als seinem Menschen treu zu bleiben und zu kompensieren, was diesem fehlt. Doch kann ein Hund kein Menschersatz sein, zumal bei dieser Rollenverteilung weder Mensch noch Tier glücklich werden. Auch hier wäre es zum Wohl des Hundes gut, wenn der Mensch sein Tun erkennen würde.

Welche Rolle füllt mein Hund in meinem Leben aus? Sollten sie Ansätze erkennen, dass ihr Hund ein Defizit ausgleicht, können Sie sich folgendes fragen:

- Warum muss mein Hund eine menschliche Rolle übernehmen?
- Welche Menschen fehlen mir im Leben?
- Warum verwöhne ich meinen Hund und nicht mich selbst?
- Könnte ich mein Leben auch ohne meinen Hund führen, und wie sähe es dann aus?
- Kann ich versuchen, meinen Hund zu lieben, ihm aber auch Freiraum und seinen eigenen, selbstständigen Charakter zuzugestehen?
- Experiment: Ich stelle mir meinen Hund in einem Leben als Wildtier vor, im Rudel mit Artgenossen und ohne Menschen. Welche Rolle nähme er dort ein, wie verhielte er sich? Ich überlege, wie sein Charakter dort aussähe, womit er sich beschäftigen würde. Dann vergleiche ich es damit, wie er im Zusammenleben mit mir ist. Ich prüfe, ob die Unterschiede durch mich verur-

sacht werden und was ich ändern müsste, um ihm ein natürlicheres Leben zu bieten.

Der Hund als Statussymbol

Jede Hunderasse wurde über viele Generationen hinweg für einen bestimmten Verwendungszweck gezüchtet, der entsprechende Eigenschaften erfordert. Das Ergebnis ist die Einteilung in die zwei Kategorien: Arbeitshunde, beispielsweise, Jagd- und Hütehunde und Begleithunde.

Ein Hund, der dafür ausgestattet ist, den ganzen Tag eine Herde zu hüten oder eine Jagd zu begleiten, wird sich nicht wirklich ausgelastet fühlen, wenn er seinen angeborenen Instinkten nie folgen darf. Ein Weimaraner oder ein Border Collie, der in einer engen Wohnung leben muss und lediglich zweimal am Tag an der Leine durch den Stadtpark geführt wird, ist selten ausgeglichen oder glücklich. Die unbändige Energie und Ausdauer solcher Hunde, muss dann auf andere Weise ihren Ausdruck finden. Oft kompensieren die Tiere den Mangel an Beschäftigung durch Übersprungshandlungen, wie Dauerbellen oder Zerstörungswut. Außerdem erkenne ich bei vielen dieser Hunde einen müden, traurigen Gesichtsausdruck oder die Augen strahlen eine unterdrückte Wut aus.

Ein Hund braucht nicht unbedingt eine besondere Ausbildung oder Training. Es wäre schon ausreichend, sich auf seine Bedürfnisse einzustellen, die allerdings ähnlich individuell ausfallen wie diejenigen eines Menschen. Gelingt dieses Kunststück, ist es andererseits gar nicht so schwer, ein gutes Mensch-Hund-Team zu sein.

Die Entscheidung, sich einen Hund zuzulegen, bringt eine bedeutende Verantwortung für dieses Lebewesen mit sich. Ein Lebewesen mit Bedürfnissen und Individualität, das artgerechte Behandlung erfordert. Doch nur allzu oft erlebe ich, dass sich Menschen aus einer Laune heraus und ohne großes Hintergrundwissen einen Hund kaufen, nur weil dieser „so toll aussieht". Jedoch entwickelt sich das Tier dann oft zu einem „Problemhund", der in Wirklichkeit nur unglücklich oder gelangweilt ist, weil er im Alltag seinen eigentlichen Charakter nicht ausleben darf.

Es gibt viele Gründe, sich für einen Hund zu entscheiden. Die Fälle, in denen ein Hund aufgrund seiner Herkunft oder Rasse ein Statussymbol darstellen soll, enden manchmal mit einer großen Enttäuschung.

Einige Menschen sind so von sich und ihrer Überlegenheit überzeugt, dass sie in allen Bereichen des Lebens herausstechen und ihre Position unter Beweis stellen müssen. In solchen Fällen gelingt es dem Hund recht schnell, den Haltern ihre Idealvorstellung von sich selbst auszutreiben, denn es läuft sicher nicht immer alles nach Plan. Allerdings gibt es auch viele Menschen, die durch ihren Hund ihren Status erhöhen wollen, weil sie unsicher sind oder ein geringes Selbstwertgefühl besitzen. Sie sehen sich immer in der Konkurrenz mit anderen oder fühlen sich in irgendeiner Weise unzureichend. Will man das kompensieren, eignet sich ein Hund ganz wunderbar. Er kann durch seine reine Existenz ein Ausdruck des Egos seines Besitzers sein, also etwa dank Abstammung, Aussehen und Größe. All das ist nicht zwangsläufig negativ anzusehen, ein Problem ist nur dann vorhanden, wenn der Mensch am Charakter oder an der Entfaltung seines Tieres nicht interessiert ist, sondern es ihm nur darum geht, sich oder anderen etwas zu beweisen. Das spürt der Hund, und er reagiert darauf, denn er durchschaut auch diese Illusion.

Hundehalter, die vom unangenehmen Verhalten ihres Tieres frustriert sind und sich manchmal sogar fragen, warum sie sich das alles angetan haben, sollten sich die Frage stellen, was ihr Hund mit seinem Verhalten zeigen möchte. Es wäre gut, wenn sie ehrlich feststellten, aus welchen Gründen sie überhaupt einen Hund wollten und welche Erwartungen nicht erfüllt werden. Wenn man prüft, woher das problematische Verhalten stammt, ist schon ein wichtiger Schritt getan. Und sobald man sich im Klaren darüber ist, was man an eigenen Unzulänglichkeiten und Geltungsdrang auf den Hund überträgt, kann man beginnen, dessen eigentliches Wesen zu akzeptieren. Also wird man auch versuchen, dem eigenen Hund einen artgerechten Alltag zu bieten. Ob man das durch Spaziergänge, Hundesport oder Aufgabenstellungen für einen Arbeitshund bewerkstelligt, ist unerheblich, denn alle diese „Herausforderungen" entsprechen der Natur des Hundes und werden ihm zuliebe veranstaltet. Das Ego des Besitzers muss sich dabei unterordnen.

Wenn ich im Zweifel bin, sollte ich mich fragen, warum ich mir das Tier zugelegt habe. Die folgenden Fragen können helfen, den eigentlichen Wert eines Hundes zu erkennen:

- Was hatte ich für eine Vorstellung vom Leben mit einem Hund, bevor ich ihn zu mir holte?
- Warum wollte ich einen Hund?
- Welche Einstellung habe ich zu mir selbst und meinem Selbstwert?

- Fühle ich mich anderen Menschen über- oder unterlegen?
- Wie wichtig ist mir die „Außenwirkung“ meines Hundes?
- Experiment: Ich lasse meinen Alltag mit meinem Hund Revue passieren und achte auf kleine Momente, in denen mir der Wert meines Hundes bewusst wird. Nicht in finanzieller Hinsicht oder durch Leistung, sondern im Hinblick auf kleine Zuwendungen, Trösten, Kuscheln oder eine freudige Begrüßung. In solchen Augenblicken sage ich dem Hund ganz bewusst „danke“ dafür, dass er sein Leben mit mir teilt und einfach so ist, wie er eben ist. Ich bin ihm dankbar und möchte ihm etwas zurückgeben. Ich recherchiere, welche Aufgabe seine Rasse ursprünglich erfüllte, und versuche, eine Möglichkeit zu finden, wie er diesem Instinkt im Alltag folgen kann.

Der ängstliche Hund

Ängstliches Verhalten findet sich oft bei Hunden, die in der Prägephase als Welpen wenig Selbstvertrauen gelernt haben. Sie sind unsicher, ängstlich, unterwürfig oder auch unterschwellig aggressiv gegenüber anderen Hunden oder Menschen. Manchmal verstärkt oder auch ausgelöst durch eine Kastration, welche die soziale Stellung eines Hundes in einem Rudel stark beeinflussen kann. Die Vorbedingungen sind aber jeweils beim Menschen zu suchen.

Was finden wir hier? Das Gegenteil von Dominanz, meist sehr empathische Menschen, die sich gerne um

Schwache kümmern und denen Entscheidungen schwerfallen. Trifft nun ein unsicherer Hund auf einen solchen Menschen, entwickelt sich bald eine Situation, die sich selbst immer weiter verstärkt. Ängstliche Hunde haben oft schlechte Erfahrungen mit aggressiven Artgenossen gemacht, von denen sie angegriffen wurden. Denn ein Hund, der sowieso schon eine gewisse Aggression in sich trägt, findet in einem extrem unsicheren Artgenossen ein ideales Opfer. Manchmal ist es sogar so, dass das Beschwichtigen, das solche Hunde oft in übertriebenem Maße zeigen, sein Ziel verfehlt und das Gegenüber noch weiter provoziert.

Meist versucht ein ängstlicher Hund, der angegriffen wird, zu flüchten. Entschließt er sich jedoch, sich zu wehren, scheitert er daran, dass er sich seiner Stellung nicht sicher ist und sich nicht durchsetzen kann. Diese Unsicherheit findet sich auch auf Seiten des Besitzers, der alles dafür tun wird, solche Situationen zu meiden. Es wird nur noch an der Leine oder auf Wegen spazieren gegangen, bei denen man keinen anderen Hunden begegnet. Nähert sich aber dann doch einmal ein Artgenosse, wird der Hund sofort auf den Arm genommen. Wirklich helfen wird das dem ängstlichen Hund nicht, ganz im Gegenteil, das arme Tier wird als Opfer abgestempelt. Es kann aber auch sein, dass ein solcher „Angsthase“ plötzlich Mut fasst, wenn er sich in der erhöhten Position in Sicherheit wähnt. Dann kläfft der kleine Feigling meist wild auf jeden anderen Hund herab.

Der Besitzer versucht natürlich, im Interesse des Hundes zu handeln, er will sein Tier logischerweise beschützen und vor schlechten Erfahrungen bewahren. All das tut er schließlich nur, weil er seinen Hund liebt. Doch in Wahrheit macht der Hundehalter damit alles nur noch schlimmer. Ein Hund, der immer von seinem Menschen beschützt wird, gewöhnt sich daran und lernt nicht, seine eigene Position zu behaupten. Genauso wenig lernt er, wie er ganz normal mit Artgenossen umgehen und mit Aggressionen fertigwerden kann. Denn jedes Mal, wenn Herrchen und Hund beispielsweise einem entgegenkommenden Spaziergänger ausweichen oder wenn der Besitzer sein Tier sofort auf den Arm nimmt, wird diesen Hunden das Gefühl großer Gefahr vermittelt. Natürlich gibt es bedrohliche Situationen, in denen man als Hundeführer sein Tier beschützen muss, aber der Großteil von Hundebegegnungen verläuft in der Regel völlig harmlos, solange der Mensch seinem Hund nur zutraut, die Situation zu meistern. Wenn er aber selbst in Panik gerät und immer angespannt sämtliche Gefahren vorhersieht, übernimmt sein Hund selbstverständlich dessen Reaktionen. Der Mensch will eigentlich nur helfen, doch verstärkt er die Unsicherheit des Tieres, was den Besitzer wiederum dazu bewegt, seinem Liebling noch mehr Schutz zu gewähren.

Doch wie soll der Mensch nun mit einem unsicheren Hund umgehen? Zuallererst muss er erkennen, dass – ganz ähnlich wie im Fall des aggressiven Hundes – seine Einstellung dafür verantwortlich ist, wie das Tier in bestimmten Situationen reagiert. Anstatt also ein großes Drama zu machen, sollte der Mensch dem Hund vermitteln, dass keine Gefahr besteht und er somit keinen Grund hat, sich zu fürchten. Durch ruhige Körperhaltung und Stimme sollte er seinem Hund ein Gefühl von Sicherheit und Ruhe vermitteln. So hat der Hund die Chance, eigenes Selbstvertrauen zu entwickeln und sich auch Artgenossen gegenüber souverän zu verhalten.

Menschen, die mit der Unsicherheit und dem daraus resultierenden Verhalten ihres Hundes kämpfen, haben oft selbst Probleme mit mangender Selbstsicherheit. Sie trauen ihrem Hund nicht zu, sich zu wehren oder selbstbewusst aufzutreten. Schlechte Erfahrungen sind meist der Grund für übertriebene Vorsicht. Wenn man mit einem Hund unterwegs ist, kann es immer zu Konfrontation mit anderen Hunden oder Menschen kommen.

Wenn Begegnungen mit anderen Hunden oder Menschen bei mir und meinem Hund Angst auslösen oder zu Übersprungshandlungen führen, sollte ich mir diese Fragen stellen:

- Wie verhalte ich mich in, für mich bedrohlichen Situationen?
- Wenn ich das Verhalten meines Hundes beobachte, fällt mir dann auf, dass er sich an mir orientiert?
- Habe ich je Situationen erlebt, in denen ich mich ohnmächtig oder hilflos gefühlt habe?
- Macht es mein Leben einfacher, wenn ich mich um Entscheidungen herumdrücke?
- Wogegen rebelliere ich insgeheim? Warum wage ich es aber nicht, dem Ausdruck zu verleihen, indem ich meine Meinung sage?
- Habe ich Vertrauen in meinen Hund?
- Experiment: Ich suche mir gezielt eine Situation, in der mein Hund Angst hat, die ich aber unter Kontrolle habe. Statt einer Begegnung mit anderen Hunden wähle ich aber eine andere Herausforderung, setze meinen Hund beispielsweise einem bestimmten Geräusch aus,

konfrontiere ihn mit einem Auto oder lasse ihn über einen bestimmten Untergrund gehen, der ihm nicht geheuer ist. Ich übe mit meinem Hund, in dieser Situation gelassen zu bleiben, damit er sie alleine meistern kann. Dazu sind kleine Schritte nötig, schon eine leichte Annäherung wird überschwänglich belohnt. Ich achte dabei besonders darauf, dem Hund durch meine Gedanken und meine Körpersprache ein Gefühl der Sicherheit zu vermitteln. Höchstwahrscheinlich wird das Tier mit dieser Übung schnell Erfolg haben, und ich sehe eindrücklich, wie meine Einstellung es stärkt.

Kapitel 10

Gefährten

Ruhende Hunde strahlen eine Entspannung aus, die uns Menschen unglaublich guttut. Wenn man einen schlafenden Hund beobachtet, der vielleicht im Traum mit den Pfoten zuckt, dessen Mimik so viel Emotion verrät oder der einfach nur ganz tief atmet, dann fragt man sich oft, was er wohl in seinem Schlaf erlebt. Viele Hunde brauchen dabei Nähe zu einem anderen Wesen, um sich wirklich entspannen zu können.

Sie sind als Rudeltiere am liebsten in Gesellschaft. Hat man mehrere Hunde, so kann man beobachten, dass diese oft nebeneinander oder ganz eng zusammen liegen. Warum sollte ein Hund deshalb nicht auch die Nähe zu seinem Menschen suchen? Jeder Hundebesitzer kennt diesen Hundeblick, der signalisiert: „Ich will bei dir sein, ganz nah“! Lassen wir diese Nähe zu, kommen wir in den Genuss, den warmen Hundekörper zu spüren und oft einen tiefen glücklichen Seufzer zu hören. Ich glaube sagen zu dürfen, dass es für einen Hund (neben dem Fressen natürlich) das Schönste ist, wenn er mit seinen Bezugspersonen kuscheln kann. Was wir Menschen als Entspannung wahrnehmen, ist für den Hund ein Zustand des Loslassens, weil er durch den Kontakt zum Menschen auch ein Stück weit seine Wachsamkeit herunterfahren kann. Ist der Mensch ebenfalls ganz entspannt, kann das ein wundervolles Zusammensein bedeuten.

Ist der Hundebesitzer aber insgeheim traurig, ängstlich oder verstimmt, weckt dies bei seinem Hund Aufmerksamkeit, weshalb er entweder eine Verteidigungsposition einnimmt oder eine gemeinsame Flucht vor dem (imaginären) Feind in Erwägung zieht. Manche Hunde legen sich dann auch in einem gewissen Abstand zu ihrem Besitzer hin und beobachten erst einmal die Situation. Andere suchen erst recht die Nähe, wollen vielleicht ständig selbst beschwichtigen oder vom Menschen gestreichelt werden. Das ist abhängig von ihrem Charakter und der jeweiligen Situation. Wir Menschen fühlen uns dadurch beschützt und wünschen uns vielleicht genau aus solchen Gründen einen Hund an unserer Seite. Ein Hund übernimmt zwar die an ihn gerichtete Erwartung, kann dabei aber nicht wirklich in sich ruhen. Entspannung kann er nur zulassen, wenn sein Umfeld ihm das widerspiegelt.

Wir alle sollten uns einmal fragen, warum wir unsere Hunde dazu benutzen, uns selbst besser zu fühlen, und ob es sich dabei um einen einseitigen Vorteil handelt. Ein anderer, ausgewogenerer Weg wäre es, eine erwartungslose Beziehung zu seinem Hund zu haben, ihn als Spiegel der eigenen Situation zu erkennen und diese, wenn nötig, zu verändern. Mein Hund ist für mich da, wenn es mir nicht gut geht, und er tröstet selbstverständlich und ohne Erwartungen. Doch auch in umgekehrter Weise sollten wir Menschen für unsere Hunde da sein und sensibel auf ihre Stimmungen reagieren. Auch wenn es manchmal vielleicht unangenehm ist, hat ein Hund ebenso Emotionen, wie wir sie haben, wenn sie auch nicht unbedingt direkt vergleichbar sind. Ein Hund fühlt Einsamkeit, wenn er lange allein sein muss, er fühlt Frustration, wenn seine Bedürfnisse übergangen werden, und er kennt Angst, Trauer und Nervosität. Wenn wir Menschen diese Gefühle empfinden, suchen wir nur allzu oft Trost und Zuwendung bei unseren Hunden und erwarten, dass sie diese Launen als gegeben hinnehmen. Im Gegenzug nehmen wir Emotionen bei Hunden oft aber eher als störend und unpassend war, und verlangen von ihnen, ständig fröhlich, motiviert und energiegeladen zu sein. Ich will damit nicht sagen, dass man einen Hund in Trauer oder Angst schwelgen lassen und darin bestärken sollte, denn dadurch vermenschlicht man ihn nur wieder. Vielmehr sollten wir unsere Hunde, anstatt sie für ihre negativen Empfindungen zu bestrafen, Raum für ihre Gefühle zugestehen und ihnen Trost und Stärke vermitteln, so wie sie das für uns tun.

Ein kleines Beispiel dazu. Viele Hunde kennen den Alltag und wissen, dass sie tagsüber stundenlang allein zuhause sind, während ihre Besitzer arbeiten. Für ein so soziales Tier wie den Hund ist das an sich schon eine Herausforderung, fehlt ihm doch der Kontakt zu einem Menschen oder Artgenossen. Wenn der Besitzer dann nach einem langen Arbeitstag nach Hause kommt, ist es natürlich lästig, wenn der Hund völlig überdreht oder aber aufdringlich an einem klebt. Allerdings muss man verstehen, dass er zu diesem Zeitpunkt eine für ihn schwierige Zeit durchgemacht hat und vor Überschwang und Liebe nicht mehr aus noch ein weiß. Eigentlich müsste der Mensch nur erkennen, dass der Hund sich nach Zuwendung und Miteinander sehnt, und ihm dies auf ruhige Art und Weise zugestehen. Statt zu schimpfen oder das Tier mit einer übertriebenen Begrüßung nur weiter anzustacheln, sollte der Besitzer dem Hund die Möglichkeit geben, seinem Bedürfnis nach Nähe gerecht zu werden, ob durch gemeinsames Kuscheln, einen langen Spaziergang oder eine Streicheleinheit. So bekommt der Hund das, was er seinem Wesen gemäß braucht, und diese Art der Aufmerksamkeit ist für das Tier so viel wertvoller, als oberflächliche Begrüßungen, bei man in Gedanken woanders ist, oder gar negative Aufmerksamkeit, wenn man von seinem Verhalten genervt ist und es bestraft. Auch diese Form der Zuwendung nimmt ein Hund an und sucht sie, solange nichts anderes verfügbar ist, doch nur wenn der Mensch ihm eine gewisse Zeit „ehrlich empfundenen" Zusammenseins zugesteht, kann sich der Hund entspannen und die Zweisamkeit wirklich genießen. Auf diese Weise kann er es auch ertragen, wenn er immer wieder einmal alleine bleiben muss, denn er weiß, sein Mensch wird wiederkommen und sich ihm widmen.

Wir sollten uns bewusst werden, welche Erwartung wir an unsere Hunde haben, und was wir bereit sind, ihnen dafür als Gegenleistung zu geben. In einer ausgewogenen Beziehung müssen sich beide aneinander anpassen und aufeinander zugehen. Dann kann ein Hund als mein Gefährte mit mir durchs Leben gehen, und ich wiederum kann diese Zuwendung genießen und dem Tier bedenkenlos meine Liebe schenken.

Kapitel 11

Mensch-Hund-Teams

Dorle hat mein Leben auf so viele verschiedene Weisen verändert. Mit ihrer souveränen Persönlichkeit zeigt sie mir immer wieder, was Mut und Eigenständigkeit bewirken können.

Als Dorle zwei Jahre alt war, begegnete uns beim Morgenspaziergang eine Gruppe Spaziergänger mit acht Hunden. Wir befanden uns gerade an einer schlecht einsehbaren Stelle und wurden völlig unvorbereitet mit einem Hunderudel konfrontiert, das sich aus drei riesigen Leonbergern, zwei Labradoren, einem Weimaraner und zwei kleineren Hunden zusammensetzte. Vielleicht vor Schreck, weil alle diese großen Hunde frei auf sie zuliefen, und vielleicht auch, weil sie meine Überraschung wahrnahm, ergriff Dorle die Flucht. Sie flüchtete weit weg von mir in den Wald, machte zum Glück aber eine große Schleife, ehe sie schutzsuchend zu mir zurückzukehrte. Die Hundemeute jedoch, vom Jagdinstinkt gepackt, verfolgte sie in einer Art Hetzjagd und waren dicht an ihren Fersen. Als Dorle bei mir ankam und die fremden Hunde bedrohlich auf uns zu liefen, machte ich einen großen Schritt nach vorne, hob beide Arme und schrie mit aller Kraft ein energisches „Stopp!“. Gebannt blieben alle acht Hunde wie angewurzelt stehen, und die Situation entspannte sich sofort. Alle Hunde wurden kurzerhand angeleint, und danach war sogar ein gegenseitiges Beschnuppern möglich. Damit konnte Dorle das Erlebnis sogar mit einem positiven Eindruck verlassen.

Für mich brachte diese Geschichte entscheidende Erkenntnisse. Erstens war mir zuvor nicht klar gewesen, dass ich zu solcher Autorität im Stande bin, und zweitens hätte ich es nie gewagt, so zu agieren, selbst wenn es mir bewusst gewesen wäre. Die Situation ergab sich überraschend, und mir war einfach keine Zeit geblieben zu überlegen, ich hatte instinktiv gehandelt. Hätte ich mich auf die Situation vorbereiten können, wäre mir meine eigene Unsicherheit womöglich in die Quere gekommen, doch so galt mein einziger Gedanke meinem Hund und der Verantwortung, ihn zu beschützen.

Ich selbst befand mich damals in einem großen Umbruch. Wir hatten mit Dorle in einem Verein züchten wollen, dessen Handlungsweisen und Strukturen nicht mit unseren eigenen Ansichten vereinbar waren. Ich war davon überzeugt, dass es wunderbar für sie wäre, Mutter zu werden, und sah mich gleichzeitig mit der Erwartungshaltung anderer Züchter konfrontiert. Wenn ich an mein früheres Verhalten denke, so hätte ich mich davon überrollen und dominieren lassen. Stattdessen wagte ich den Schritt, mich von Vereinen zu lösen, und rief mein eigenes Zuchtprojekt ins Leben.

Ich bin davon überzeugt, dass jeder Hundebesitzer eine gewisse Veränderung durch seinen Hund erlebt und dass es in jeder so engen Beziehung etwas gibt, das sie als ganz besonders auszeichnet.

Ich möchte anschließend sechs unterschiedliche Mensch-Hund-Teams vorstellen, die verschiedene Facetten des Lebens mit Hunden beleuchten und für deren Beschreibung ich Interviews geführt habe. Dabei bin ich den Porträtierten nicht nur sehr nahegekommen, sondern habe auch festgestellt, dass sich bei den Hundebesitzern während des Erzählens oft neue Erkenntnisse einstellten. Diesen Ansatz habe ich inzwischen auch in meine therapeutische Arbeit integriert.

Eva mit Lisa und Elsa

Eva arbeitet als Journalistin, und nach einer belastenden Trennung kam Lisa als erste Hündin zu ihr. Lisa ist ein Podenco, und stammt aus einer spanischen Tötungsstation und hatte, wie viele dieser Hunde, keine große Überlebenschance. Mit Lisa kehrte das Glück in Evas Leben ein, und ihre zweite Hündin Elsa, die sie zwei Jahre später ebenfalls aus dem Tierschutz adoptierte, vervollständigt das Dreiergespann. Beide Hunde eint der ausgeprägte Jagdtrieb, den Eva gut unter Kontrolle hält. Dennoch lässt sie ihren Hunden, so oft sie es ermöglichen kann, auch an geeigneten Orten Freilauf. Wie alle Podencos, ist ihr Bewegungsdrang sehr groß und sie können freilaufend mit hoher Geschwindigkeit unterwegs sein. Ihre Eigenart ist es, sich in einem großen Umfeld sehr selbständig zu bewegen und sich sehr weit von ihrem Besitzer zu entfernen. Das macht einen normalen Spaziergang ohne Leine fast unmöglich.

Eva und ihre Hunde sind ein Team, das ich als sehr frei und undogmatisch bezeichnen würde. Ihre beiden Hunde spielen in ihrem Leben eine zentrale Rolle, weshalb sie auch täglich zur Arbeit begleiten dürfen.

„Glaubst du, Lisa und Elsa zu verstehen?“

Eva: „Ich bin mir sicher, dass ich meine Hunde sehr gut verstehe, wenn wir zu dritt sind. Und das sind wir die meiste Zeit. Allerdings merke ich, dass ich in der Analyse manchmal danebenliege, etwa wenn meine Tiere mit anderen fremden Hunden zusammen sind. Elsa ist da sehr viel einfacher zu verstehen, da sie stets freundlich ist und sich unterordnet. Bei Lisa habe ich mich schon ordentlich verschätzt. Meistens dann, wenn andere Hundehalter mich mit ihrem Urteil verwirrt haben. Erst wenn ich mir Videos, die ich in solchen Situationen gemacht habe, zu Hause noch mal ansah, habe ich gemerkt, dass deren Urteil falsch war. Dass Lisa gar nicht gestänkert hat, sondern die Situation zum Wohle des Rudels aufgeklärt hat. Heute weiß ich, dass ich Lisa vertrauen kann. Doch auch heute gilt noch: Wenn ich eine Situation nicht gut einschätzen kann, dann nehme ich Lisa zu mir. Offenbar braucht sie den direkten Kontakt mit vielen anderen Artgenossen nicht."

„Wie zeigen Lisa und Elsa ihre Gefühle, und wie reagieren sie auf deine?"

Eva: „Ich werde jeden Tag mit sehr viel Liebe überschüttet. Ich habe zwei ausgesprochen verschmuste Hunde. Unser enger Kontakt macht es mir auch möglich, schnell festzustellen, wenn etwas nicht passt. Haben sie einen Dorn im Pfotenballen oder Bauchweh oder Ähnliches, kommen sie zu mir und zeigen es aktiv. Man muss nur beobachten. Auf meine Gefühle reagieren beide sehr intensiv. Lisa weiß genau, was los ist. Und auch Elsa hat ein Gespür dafür. Sie kommen dann beide an und bringen mich zum Lachen. Lisa hat meine Oma auf dem Weg in den Tod begleitet. Sie ist nicht mehr von ihrer Seite gewichen und wusste schon lange vor uns, was kommt."

Musstest du dich wegen deiner Hunde jemals mit jemandem auseinandersetzen oder bist in Konflikte geraten?

Eva: „Ja, das ist schon vorgekommen, wenn auch sehr selten. Dumme Sprüche. Oder Aussagen wie: ‚Du lebst ja nur noch für die Hunde' usw. Solche Personen belehre ich nicht mehr, die meide ich dann einfach. In der Regel erfahre ich aber unglaublich viel Interesse und Zuneigung für die beiden, wenn ich mit ihnen unterwegs bin. Auch von wildfremden Menschen."

Die drei Interviewfragen zeigen mir als Therapeutin, was der Hund seinem Menschen spiegelt, insbesondere bei den angesprochenen Themen „Konflikt", „Freiraum" und „Zeigen von Gefühlen". Denn Lisa zeigt Eva immer wieder, dass sie ohne Angst und durchaus konfliktbereit in eine Auseinandersetzung geht, nicht aus Aggression, sondern zur Klärung der Situation. Um daraus zu lernen, könnte sich Eva umgekehrt fragen, wann und wo sie selbst Konflikte vermeidet oder die Auseinandersetzung scheut. Vielleicht gehört es zu ihren Lebensthemen, das immer wieder zu erleben oder zu vermeiden. Die Sehnsucht nach Freiraum lässt sich ebenfalls auf ihre Hunde übertragen, denn Eva hat sich zwei Hündinnen gesucht, die schon aufgrund ihrer Rasse freiheitsliebend, sehr selbständig und schnell sind. Es mögen diese Eigenschaften sein, die sie unbewusst zu den Podencos gezogen haben. Eva versteht die Bedürfnisse dieser Hunde sehr gut, weil sie selbst freiheitsliebend ist. Dank ihrer Empathie kann sie auf diese Bedürfnisse eingehen und ihren Tieren so ein wunderschönes Leben bieten. Lisa und Elsa zeigen ihr umgekehrt mit ihrer Leichtigkeit und Sensibilität, wie sehr sie ihr nahestehen. So wird aus dem Bedürfnis nach Freiraum ganz selbstverständlich eine tiefe Beziehung, die wiederrum positive Nähe und Abhängigkeit schafft. Der dritte Punkt, das Zeigen von Gefühlen, kann also ungehemmt und frei geschehen, sodass Eva ihre Verbindung zu ihren Hunden ohne Angst vor Verletzung jederzeit ausleben kann.

Elke mit Freddy

Freddy stammt aus unserem ersten Wurf, er ist ein Bruder von Anou und war schon während der Welpenzeit bei uns ein wunderbarer Hund. Ein großes Glück für uns ist es, dass wir bei der Suche nach einer Familie für ihn Elke und Phillipe kennengelernt haben und überzeugt waren, dass es ihm dort bei diesen Menschen sehr gut gehen würde.

„Was habt ihr Freddy weitergegeben? Hat er sich verändert, seit er bei euch ist?“

Elke: „Wir haben Freddy viel Liebe, gegenseitigen Respekt und Sicherheit weitergegeben, denn er ist ein Teil unserer kleinen Familie. In den ersten 5 Jahren hatten wir 2 Katzen, die inzwischen leider aus Altersgründen nicht mehr da sind. So lernte Freddy von Anfang an sich mit seiner neuen Wohngemeinschaft zu arrangieren und sich gegenseitig zu respektieren. Anfänglich führte das schon zu einigen, zwar jederzeit gefahrlosen Turbulenzen und Missverständnissen, doch mit ein bisschen menschlicher Führung von unserer Seite verstand Freddy sehr schnell die Sprache seiner neuen Fellfreunde und war im

Nu mitten in seiner neuen Familie. Seinen Platz hat er sich wahrhaftig verdient, bei diesem Katzen-Hund-Mensch-Team ging uns wahrlich das Herz auf und wir sind fasziniert von Freddies feinfühlige Art tiefe Freundschaften zu gewinnen.

Dazu gehört auch, dass Freddy sich bei uns in Sicherheit fühlt und gleichzeitig auch eine gute Portion eigene Sicherheit erfährt. Wir sehen es als Pflicht unseren kleinen Freund in einer schwierigen Situation zu unterstützen oder gefährliche Situationen zu verhindern. Dazu nur ein kleines Beispiel: Wir sind unterwegs, es kommt uns ein anderes Hundemensch Team entgegen. Freddy wird unsicher und beginnt zu knurren, der andere Hund gefällt ihm nicht. Wenn noch genug Abstand ist, lenke ich Freddy mit einem Leckerli ab, wenn der Abstand nicht mehr reicht, leine ich ihn an. Mittlerweile kommt er von alleine angelaufen, wenn ihm etwas unheimlich erscheint und möchte angeleint werden. Das Tolle daran ist, das er sofort versteht und mitarbeitet.

Na und nicht zu vergessen, die Regeln, die jeder Hund und Mensch kennen sollte, wie komm, bleib, Fuß etc., die genauso dazugehören.

Wir spielen, toben und schmusen mit Freddy sehr viel zusammen und das am liebsten alles irgendwie gleichzeitig. Dabei zeigt er uns, wie er es noch schöner finden würde. Beispiel: Er dreht sich auf den Rücken, sein Quietsche-Entchen im Mund, gleichzeitig ertönt noch ein verspieltes grummeln, aber jetzt möchte er, dass wir seinen Bauch krabbeln. Von solchen wunderschönen Momenten könnte ich jetzt immer so weitererzählen, jedenfalls kommt so unglaublich viel zurück. Unsere kleine Familie ist so prall gefüllt mit Liebe, Vertrauen, Freude und Zufriedenheit, dass man für immer festhalten möchte.

Unserer Meinung nach hat Freddy sich nicht verändert hat, seitdem er mit uns lebt, er hat sich vielmehr entwickelt, er ist erwachsen geworden und hat dabei seine sanfte Art und seinen feinen Charakter behalten und lebt ihn voll und ganz aus.

„Was hat dich dein Hund gelehrt?

Elke: „Ganz spontan würde ich sagen, hat er mich dazu gebracht achtsamer zu sein. Wir verbringen viel gemeinsame Zeit im Wald bei unseren Spaziergängen, sitzen oft auf einem Baumstumpf und lauschen den Geräuschen des Waldes; Vögel zwitschern, Blätterrauschen, Äste knacken oder bei geschlossenen Augen den Duft des Waldes riechen; die Erde, Bäume, Gräser oder Blumen.... Es gibt so schöne Dinge zu entdecken, statt einfach nur blind durch das Grüne zu laufen. Manchmal sehen wir auch Rehe vorbeiziehen, in solchen Moment vergisst Freddy allerdings blitzschnell unser meditatives Zusammensein und springt wie eine Rakete hinterher. Zum Glück hört Freddy auf mein Pfeifen und er ist ziemlich schnell wieder da.

Diese Spaziergänge schenken mir so viel Entspannung und neue Kraft und Energie, die ich nicht mehr missen möchte. Ab und zu verabreden wir uns schon mal mit Bekannten zum Hundespaziergang und es ist jedes Mal sehr schön unterwegs zu plaudern, allerdings für mich persönlich ist der Erholungswert, wie oben beschrieben, wesentlich größer, wenn ich alleine mit Freddy unterwegs bin."

„Wie zeigt Freddy seine Gefühle und wie reagiert er auf deine?"

Elke: „Seine Begrüßungszeremonie ist jedes Mal ein Fest, egal ob wir nur 15 Minuten weg waren oder 2 Stunden, der ganze Hund wedelt und wackelt in alle Richtungen mit schwungvollen Pirouetten und Freudentänzchen, dabei wird gejuchzt, alles was geht und dann wird weiter gehüpft. Ich setzte mich mit ihm hin und umarme, streichle und drücke ihn, dann werde ich wild abgeschleckt und es gibt Küsschen und alles wieder von vorne. Das kann schon eine ganze Weile dauern bis seine Freude sich wieder ein wenig gelegt hat. Das gleiche Prozedere macht er genauso, wenn nur einer von uns weg war. Unglaublich wie er sich so freuen kann.

Vormittags schläft er gerne auf dem Sofa, dabei dreht er sich oftmals demonstrativ auf den Rücken, streckt dabei alle Viere in die Höhe und blinzelt mich an, natürlich komm ich dann und kraule ihm die Brust, den Bauch und den Hals. Als Dankeschön schenkt mir der kleine Genießer ein entspanntes Brummeln und leckt mir die Hand.

Von Zeit zu Zeit bekommt er seine dollen 5 Minuten, dann ist er völlig außer Rand und Band, rennt hin und her wie ein Verrückter und ist absolut tobsüchtig und je mehr wir ihn ermuntern, umso mehr dreht er auf, so herzig.

Unsere Mensch-Hund-Beziehung ist ein ständiges Geben und Nehmen, von Rücksicht, Freude und auch schon mal Traurigkeit. Freddy ist erstmal traurig, wenn einer von uns aus dem Haus geht, er dreht sich wie eine Schnecke zusammen und schaut traurig aus seinen Augen. Ebenso ist er ein unglaublicher Stimmungsbarometer, er checkt sofort, wenn irgendetwas anders ist als sonst, beispielsweise wenn einer von uns krank ist, dann ist er ganz still, fast unsichtbar, aber sehr beharrlich einfach da. Genauso wenn wir besonders fröhlich sind und rumalbern, dann ist unser kleiner Freund sofort mit dabei, wedelt ganz glücklich und verteilt seine feuchten Hundeküsschen.

Gute oder schlechte Stimmung in all seinen Facetten überträgt sich ganz schnell, auch ohne Worte."

Alles was man sich als Züchterin wünschen kann, finden wir bei dieser Familie. Es sind Menschen, die eine positive Lebenserfahrung ausstrahlen, obwohl es sicher in manchen Lebenslagen nicht immer ganz leicht war. Elke und Phillipe haben sehr viel Humor und Herzlichkeit. Ihr Hund Freddy zeigt sehr deutlich, dass er dort seinen richtigen Platz gefunden hat. Seine Klugheit und sehr starke Menschenbezogenheit waren schon als kleiner Welpe sehr ausgeprägt und er konnte in der liebevollen Umgebung seiner Familie vertrauensvoll seine Stärken entwickeln. So ist eine Beziehung zueinander entstanden, die auf Vertrauen und Respekt basiert. Die Offenheit von Elke und Phillipe spiegelt aber auch ihre Art und Weise wider, wie sie mit Freddy umgehen, ein wundervolles Team, das zusammen durch Dick und Dünn geht.

Andrea mit Spencer

Die Geschichte mit Spencer begann, als Andrea eine Hundezüchterin besuchte, um sich dort eine Sheltiehündin anzusehen, die abgegeben werden sollte. Doch der Plan sollte sich anders entwickeln. Bei der Züchterin lebte außerdem der äußerst zurückhaltende und introvertierte Sheltie Spencer. Als Andrea im Wohnzimmer saß, kam er aus seinem Versteck unter dem Sofa zu ihr, begrüßte sie fröhlich und suchte intensiven Körperkontakt. Seitdem ist er bei ihr und spielt in ihrem Leben eine besondere Rolle. Durch seine Sensibilität muss Andrea immer wieder lernen, ihr Leben zu entschleunigen, und durch den Hund hat sie außerdem zu ihrem Beruf als Fotografin zurückgefunden. Spencer war ihr erster Hund, den sie fotografierte, und weil es ihr so Spaß machte, kaufte sie sich nach zwanzig Jahren Fotopause wieder eine Kamera. Auf diese Weise hat sie ihre Leidenschaft für die Tierfotografie entdeckt. Mittlerweile fotografiert sie nicht mehr nur Spencer, sondern auch viele andere Hunde.

In den folgenden drei Fragen möchte ich die Beziehung zwischen Andrea und Spencer darstellen, die recht symbiotisch ausfällt. Symbiotische Beziehungen sind immer sehr intensiv, weil sie gewollt oder ungewollt alles hervorbringen, was der andere fühlt und denkt.

Wie zeigt dir Spencer seine Gefühle, und wie reagiert er auf deine?

Andrea: „Spencer ist sehr feinfühlig, ungemein anhänglich und ängstlich. Er verfolgt mich auf Schritt und Tritt, außerhalb unseres Hauses läuft er bei den Spaziergängen meist im Abstand hinter mir. Eine Tierkommunikatorin, die ich befrage, weil ich nicht verstand, warum mein Hund immer hinter mir lief, hat ihn als einen Hintergrundhund analysiert. Seine Verdauung war schon immer etwas anfällig auf Stress, und so spürte er auch schon lange vor uns, dass etwas nicht stimmte. Ohne vorherige Anzeichen entwickelte sich bei ihm plötzlich eine Bauchspeicheldrüsenentzündung, deren Ursache nicht geklärt werden konnte. Als Familie haben wir einen starken Zusammenhalt, die Situation ist aber für alle sehr belastend, und Spencer reagiert seitdem immer wieder mit Entzündungen oder Verdauungsproblemen. Meist auch dann, wenn ich Termine habe oder ohne ihn verreisen muss. Er tut mir sehr leid, weil er so viel spürt und trägt, aber ich kann die Situation oft einfach nicht ändern. Ich würde ihm so gerne diese Last nehmen."

Wie erkennst du Spencer in deiner eigenen Persönlichkeit wieder?

Andrea: „Auch wenn ich nach außen betrachtet *tough* und energisch wirke und deshalb auch häufig als Rettungsanker für andere diene, verstehe ich Spencer in seiner sensiblen Art sehr gut. Meine Empathie für ihn ist fast schon übermenschlich. Spencer ist unsicher, kapriziös, introvertiert und kann gleichzeitig, wenn er sich öffnet, enorm viel Liebe ausstrahlen. Auch hinter meiner Maske versteckt sich ein sehr feinfühliger, emotionaler Mensch, deshalb kann ich Spencer so gut verstehen."

Welche Eigenschaften von Spencer bereiten dir Probleme?

Andrea: „Spencer bremst mich immer wieder aus. So würde ich gerne flott spazieren gehen, mit einem Hund vor mir. Mit Spencer laufe ich gemächlich, immer den Blick nach hinten gerichtet, um mich zu versichern, dass er mit meinem Tempo mithält. Auch musste ich schon oft wegen seiner Erkrankungen wichtige Termine verschieben oder wurde von einer Sekunde zur anderen mit der Tatsache konfrontiert, dass ich zwar planen kann, aber immer mit Spencers sensibler Verdauung rechnen muss."

In dem Interview mit Andrea sind drei Themen erkennbar, die gerade in ihrem Leben eine entscheidende Rolle spielen: Kreativität, Wahrnehmen der eigenen Grenzen und Lernen von Gelassenheit.

Spencer hat Andrea ihre Kreativität wiederentdecken lassen und damit Lebendigkeit in ihr Leben gebracht. Vorher hat sie mit ihrem Beruf als Fotografin nicht diese Leidenschaft gespürt, und erst mit dem Beginn der Tierfotografie wurde dieses Gefühl in ihr geweckt. Wenn sich Kreativität entwickelt, egal in welcher Form, ist das immer ein Zeichen für das Erwachen von Lebenskraft. Auch wenn ihre momentanen Umstände schwierig sind und sie oft nicht das umsetzen kann, was sie möchte, hat sie damit eine Möglichkeit gewonnen, sich auszudrücken und damit zu sich selbst zu finden.

Durch Spencers Krankheiten und seine gemächliche Art zwingt er sie zur Langsamkeit. Andrea möchte gerne organisieren und die Ziele schnell erreichen. Durch die Liebe zu ihrem Hund lernt sie, sich bedächtig zu bewegen und im Hier und Jetzt zu leben. Spencer ist ein großer Lehrer, weil er sie durch seine Sensibilität zwingt, dass eine Veränderung nicht allein willentlich geschieht, sondern eine Zeit der Entwicklung braucht. Er zeigt ihr immer wieder seine Grenzen und gibt ihr damit die Möglichkeit, ihre eigenen kennenzulernen. Gerade weil er ein Hund ist, der nicht gerne aus seinem gewohnten Rhythmus gebracht wird und deshalb auch häufig manchen Plan mit seinen plötzlichen Erkrankungen durcheinanderbringt, zwingt er Andrea dazu, sich ihm anzupassen, nicht gleich die Nerven zu verlieren, sondern mit Ruhe und Gelassenheit Schritt für Schritt zu gehen. Solche Veränderungen sind nur möglich, wenn sich der Mensch durch seine Liebe zu seinem Hund öffnet und bereit ist, sein Leben darauf einzustellen. Es ist eine Art demütiges Lernen, das durch die Nähe, aber auch die Abhängigkeit, in der ein Hund mit einem Menschen lebt, zustande kommt.

Bibi mit Paula

Bibis größter Wunsch seit ihrer frühesten Kindheit war es, mit einem Hund zusammenzuleben. Erst im Alter von achtzehn Jahren erfüllten die Eltern Bibis große Sehnsucht, und sie bekam den Rauhaardackel Poldi. Auch wenn sich Bibi mit ihm beschäftigte, war dieser auf ihre Mutter fixiert und wurde durch viele Erziehungsfehler ein schwieriger und unberechenbarer Hund. Nach Poldis frühem Tod suchte sich Bibi ihren nächsten Hund selbst in einem Tierheim und fand dort Niki. Die etwas scheue und ängstliche Mischlingshündin fasste sofort Vertrauen zu ihr, und so intensiv ihre erste Begegnung verlief, so eng wurde auch ihre Beziehung. Mit Niki lernte Bibi sehr viel über Körperkommunikation, und Niki legte allmählich ihr ängstliches Verhalten ab. Die beiden erlebten miteinander schöne Zeiten, doch leider verstarb auch Niki relativ jung, mit lediglich neun Jahren.

Noch ganz unter dem Schock des Verlustes, lernte Bibi kurz darauf durch Zufall die Hündin Paula kennen. Wie bei Niki genügte Bibi ein erster Blickkontakt, und sofort war ihr klar, dass sie zusammengehörten. War Niki wegen ihres ängstlichen Wesens anfangs schwierig gewesen, was sich später rasch besserte, potenzierten sich in Paula die schlechten Erfahrungen, die der Hund zuvor mit Menschen gemacht hatte und die sich in extremer Angst äußerten. Dank der Liebe und der Geduld, die Bibi der Hündin entgegenbrachte, lernte Paula, wie sie Bibi Vertrauen schenken konnte, insbesondere in Situationen, die dem Hund Furcht einflößten.

Paula nimmt in Bibis Leben einen ganz wichtigen Platz ein, durch sie hat Bibi enorm viel über sich gelernt. Ein Leben ohne Hund kann sie sich deshalb nicht mehr vorstellen.

Das Gespräch mit Bibi war sehr intensiv, viele Verletzungen und Erfahrungen waren durch das Erzählen wieder an die Oberfläche gespült worden, und man kann sehr gut spüren, wie mit jedem neuen Hund, der in das Leben eines Menschen tritt, ein Lernprozess stattfindet. Oft kommt die Erkenntnis, wie dieser Prozess abläuft, auch erst mit dem Ende der Geschichte.

Wie würdest du den Charakter von Paula beschreiben? Siehst du eher Ähnlichkeiten zwischen dir und deinem Hund oder Gegensätze?

Bibi: „Als ich Paula bekam, waren normale Dinge wie Autofahren, an einem Jogger vorbeigehen oder einen fremden Eingang betreten mit ihr nicht möglich. Die Hündin verfiel in Panik, und ich konnte lediglich versuchen, sie möglichst schnell aus dieser Situation zu befreien. Wir haben sehr viel zusammen an diesen Ängsten gearbeitet, ich habe gemeinsam mit ihr unglaublich viel über Menschen und Hunde gelernt, aber es ist und bleibt eine Gratwanderung. In ihrem Wesen ist Paula sehr empathisch und zärtlich, auch zu meinen beiden Kindern. Von allen drei Hunden, die ich hatte, ist sie mir am ähnlichsten. Wir verstehen uns ohne Worte, wobei sie fast taub ist, aber es reicht schon eine Verhaltensänderung oder ein Blick von mir, und ich kann ihr signalisieren, was ich möchte. Manchmal macht es die Situation nicht leichter, weil wir uns zu ähnlich sind. Oft wünschte ich, sie wäre draußen anderen Hunden oder Menschen gegenüber nicht so introvertiert, aber diese Eigenschaft entdecke ich auch an mir, und so verstehen wir uns wieder auf der gleichen Ebene."

Was hast du von Paula gelernt?

Bibi: „Paula hat meine Sicht auf die Welt verändert. Mit ihr habe ich gelernt, meinen eigenen Weg zu gehen und das durchzusetzen, was ich für richtig halte. Durch sie musste ich klar Stellung beziehen, weil ich anfangs sehr viel Kritik und Unverständnis von Menschen erfuhr, die schon mit den Augen rollten, wenn sie mir und meinem Angsthund begegneten. Ich lernte die Hundesprache zu verstehen und meine Position auch gegen die Meinung anderer zu verteidigen, das machte mich sehr stark. Ich habe dadurch, dass sich Paula unerklärlicherweise vor so vielen Dingen ängstigt, den wahren Kern von Menschen kennengelernt und Toleranz und Mitgefühl erfahren. Andererseits kann ich inzwischen auch meinem Bauchgefühl vertrauen und unterscheiden, wem ich Glauben schenken sollte und wem eher nicht."

Was macht die Verbindung zwischen Paula und dir so besonders?

Bibi: „Die Beziehung war von Beginn an sehr besonders. Als ich Paulas Bild entdeckte, auf dem sie schrecklich mitgenommen aussah, und ihre Geschichte las, wusste ich, dass wir zusammengehören. Obwohl sie eigentlich wegen ihrer großen Ängstlichkeit schwer vermittelbar war, folgte sie uns beim ersten Spaziergang fröhlich und unbeschwert. Sie lief sogar nah bei unserem Kinderwagen, vor dem sie eigentlich Angst hatte, und dieser wurde später ihr großer Beschützer, weil er immer einen guten Puffer zwischen ihr und anderen Hunden und Menschen bildete. In den vielen Jahren sind wir in unserer Beziehung durch die Bewältigung und den Abbau von Ängsten eng zusammengewachsen. Weil Paula in ihrem Alter nun in die letzte Lebensphase geht, sehe ich über manche ihrer Eigenarten hinweg und begleite sie selbstverständlich bei allen unangenehmen Dingen. Wir verstehen uns ohne Worte, sie nimmt alle Regungen von mir wahr und ist wie mein Schatten. Die Zeit, die uns noch zusammenbleibt, ist mir sehr wertvoll."

Das Interview mit Bibi war auch für mich sehr intensiv. Bibis feinfühlige Wahrnehmung, die Emotionen, die sie im Gespräch zuließ, und ihre detaillierte Erzählung zeigen mir diejenigen Themen, die in ihrem Leben eine wichtige Rolle spielen. Diese Lebensthemen treten bei vielen Menschen immer wieder hervor, man entkommt ihnen nicht, sondern muss sie wie liebgewonnene Partner akzeptieren und mit ihnen umgehen lernen. Bei Bibi ist ein zentrales Thema, dass sie ihre eigenen Grenzen findet und andererseits unkonventionelle Wege geht. Bei ihrem Hund Niki hat sich dieses Thema bereits gezeigt, aber erst durch Paulas Angstverhalten wurde Bibi herausgefordert. Gerade weil es mit Paula am Anfang so schwierig war und Bibi mit ihrer empathischen und sehr gründlichen Persönlichkeit nach guten Lösungswegen suchte, fand sie unter schwierigen Umständen heraus, welche Möglichkeiten ihr im Umgang mit Paula halfen und welche eher schädlich oder nicht umsetzbar waren. In diesem Prozess hat Bibi gelernt, selbstbewusst Grenzen zu setzen, auch wenn andere das nicht verstehen oder Kritik daran üben.

Bibis zweites Thema ist es, wie sie selbst Liebe schenken und auch erfahren kann. Mit Niki konnte Bibi von Anfang an dieses unsichtbare Band der Liebe spüren, weshalb sich eine tiefe Verbundenheit zu ihrer ersten eigenen Hündin entwickelte. Auch mit Paula war es sofort große Zuneigung von beiden Seiten, obwohl Paula es Bibi nicht leicht gemacht hat. Manch anderer hätte vielleicht aufgegeben, aber Bibi, dank ihrer Hartnäckigkeit und Gründlichkeit, hat sich mit dem Wesen ihres Hundes eng verbunden, und Paula dankt es ihr mit Liebe und bedingungslosem Vertrauen. So gehört es zu Bibis Lebensthema, sich auf Liebe einzulassen, auch wenn sie weiß, dass sie mit ihren Hunden lediglich einen gewissen Lebensabschnitt verbringen kann. Bibi wird dennoch durch ihre Bereitschaft, sich so tiefe Empfindungen zu gestatten, immer wieder in Situationen kommen, die sie herausfordern werden.

Christin mit Bella

Als ich Christin kennenlernte, freute ich mich sehr, weil ich sofort ein Bild vor Augen hatte, welcher Hund zu ihr passen würde. Nachdem unser B-Wurf geboren wurde, stellte ich schon bald fest, dass die kleine Hündin Bella aus dem Wurf dieser Hund für Christin sein würde. Bella war von Anfang an eine in sich ruhende, souveräne und starke Hündin, die vom Wesen her ihrer Mutter Dorle in vielerlei Hinsicht ähnlich ist. In ihrer neuen Familie wird Bella geliebt, bestens geführt und kann sich dort sehr gut entwickeln. Dank Bellas Anwesenheit geht es in der Familie harmonischer zu, alle fühlen sich durch die Hündin beschützt und manchmal übernimmt Bella ganz selbstverständlich eine mütterliche Rolle oder agiert als Wachhund. Für Christin ist Bella eine Gefährtin, die ebenso wie ihre Kinder – und dennoch auf andere Weise – mit ihr durchs Leben geht und sie in allen Lagen begleitet. Mit Bella erlebt Christin jeden Tag wunderschöne Spaziergänge, und ihre drei Kinder nehmen in Begleitung eines Hundes die Natur anders wahr. Auch Bella zeigt Christin, welche Themen in ihrem Leben eine Rolle spielen.

„Hattest du jemals Krisenzeiten in deinem Leben, und wie hat sich dein Hund dabei verhalten?"

Christin: „Kurz nachdem Bella zu uns kam, musste ich einige persönliche Enttäuschungen hinnehmen, doch Bella spürte trotz ihres jungen Alters meine Gefühlslage und suchte immer meine Nähe. Ihr tröstender Blick und ihre Anwesenheit haben es mir leichter gemacht und mir sehr geholfen, diese dunkle Zeit zu überstehen. Viele gemeinsame Spaziergänge durch den Wald ließen mich wieder ruhig werden und versetzten mich in die Lage, meine Gedanken zu ordnen."

Welche Eigenschaften oder Verhaltensweisen deines Hundes bereiten dir Probleme, und welcher Zusammenhang besteht dabei zu deiner Persönlichkeit oder deinen Erfahrungen?

Christin: „Bella ist beim Fressen sehr wählerisch und pflegt dort ihre Vorlieben. Das mag an der Rasse des Kromfohrländers liegen, der manchmal eine ausgeprägte Futtermäkeligkeit hat. Aber ich frage mich natürlich auch, warum ausgerechnet ich einen wählerischen Kromfohrländer bekommen habe, während Bellas Geschwister ein normales Fressverhalten an den Tag legen. Vielleicht spiegelt sie dabei mich selbst, da ich in punkto Essen ebenfalls sehr wählerisch bin. Vielleicht sind wir uns darin einig und verstehen unsere Vorlieben und Abneigungen."

Hast du dich mit deinem Hund jemals abgelehnt gefühlt?

Christin: „Ich habe Bella mit Absprache und Genehmigung der Kindergartenleitung im Alter von zwölf Wochen zu einem Elternabend mitgenommen, um sie auch eine solche Erfahrung machen zu lassen. Bella war sehr ruhig und störte überhaupt nicht. Kurze Zeit danach erhielt ich die Anweisung, dass sich Bella nicht mehr im Kindergarten aufhalten dürfe, weder drinnen noch außerhalb. Manche Eltern sahen sogar eine große Gefahr für ihre Kinder, wenn Bella in weitem Abstand zum Kindergarteneingang wartete. Der Elternabend war natürlich eine einmalige Ausnahme, und Bella war seitdem nie wieder auf dem Gelände des Kindergartens. Da ich selbst drei Kinder habe und Bella noch nie meinen eigenen oder anderen Kindern in irgendeiner Weise gefährlich wurde, verletzte mich diese Ablehnung sehr. Ich wurde als Dreijährige von einem Hund im Gesicht gebissen und verstehe daher auch die Ängste und die Vorsicht der Eltern. Wenn diese aber selber Angst vor Hunden haben, helfen sie ihren Kindern nicht, indem sie einen normalen Umgang mit einem Hund verbieten. Nun darf Bella also nicht einmal mehr in die Nähe des Kindergartens kommen. Wenn ich meine große Tochter von der Schule abhole, ist Bella dagegen immer mit dabei, und sie hat weder Berührungsängste noch zeigt sie Abwehrverhalten gegenüber Schulkindern."

In meinem Interview mit Christin konnte ich diese drei Themen entdecken: „Wie Konflikte entstehen aus dem Bedürfnis nach Nähe und Freiraum", „Extravaganz" und das Gefühl der „Ablehnung".

Christin hat sich nach einer Gefährtin gesehnt, und Bella begegnet ihr mit einem souveränen Charakter. Bella liebt Nähe, ist aber zugleich unabhängig und zeigt Christin damit ihre eigene Stärke und ihr Streben nach Selbständigkeit. So findet Christin ihr Bedürfnis nach Empathie erfüllt, die bei Bellas unabhängigem Wesen nicht an Besitzansprüche gebunden ist. Außerdem kann Christin mit Bella ihre wählerische Eigenart ausleben, die nicht nur im Essen zu erkennen ist, sondern sich in vielen anderen Bereichen als eine gewisse Extravaganz zeigt. Christin sprudelt vor Kreativität und Temperament, ist sich dieser Eigenschaften aber nicht so sehr bewusst. Der Prozess, Selbstbewusstsein zu entwickeln, hat aber längst begonnen, und so können wir uns alle auf ihren kreativen Weg freuen, aus dem gewiss noch viele schöne Dinge hervorgehen werden. Auch mit ihrer Prägung, immer wieder Ablehnung zu erfahren, hat Christin mit Bella gelernt: Jetzt weiß sie, wie sie daraus durchaus eine Stärkung ihrer Position erleben kann. Dieses Team ist sehr jung, und viele Veränderungen liegen noch vor den beiden. Ich bin sehr gespannt, wie sie sich weiterentwickeln.

Alex mit Balou und Louie

Alex arbeitet als Hundetrainer und lebt mit seinen beiden Hunden Balou und Louie zusammen. Er hat sich als Hundecoach selbständig gemacht, in dem er auf die Mensch-Hund-Beziehungen eingeht und im direkten Kontakt bei Verhaltensauffälligkeiten individuell arbeitet und nach Lösungen sucht.

„Wie bist du zu deinen Hunden gekommen und was hat der Weg dir dahin bedeutet?"

Alex: „Als ich ein Kind war, gab es immer Hunde in meiner Familie. Wir hatten beispielsweise einen Berner Sennenhund, aber auch die anderen Familienmitglieder, Onkel und Tanten, waren Hundebesitzer. Ich habe mich also nicht gewundert, als bei mir mit Anfang zwanzig der Wunsch aufkam, einen eigenen Hund zu halten. Ich bin in manchen Bereichen meines Lebens ein impulsiver Mensch, und es ergab sich relativ spontan, als ich während des Studiums in den Weihnachtsferien nach Hause gefahren war. Dies erschien mir der richtige Zeitpunkt, einen Hund ins eigene Leben zu holen. Vom ersten Wunsch (‚Ich hätte gerne einen eigenen Hund') bis hin zu ‚Ich hole jetzt Balou aus dem Tierheim ab' vergingen tatsächlich nicht allzu viele Tage. Ich war aufgeregt, freudig gespannt und hatte einfach Lust auf dieses neue Kapitel in meinem Leben."

Wie würdest du den Charakter deiner Hunde beschreiben? Siehst du Ähnlichkeiten zwischen dir und deinen Hunden oder eher Gegensätze?

Alex: „Ich habe zwei Hunde, die gegensätzlicher nicht sein könnten. Balou, ein achtjähriger Schäferhund-Boxer

Mischling, ist die Ruhe selbst. Er ist genügsam, ein Familienhund, der körperliche Nähe nicht so gut abkann. Er entscheidet, wann er sich mal für fünf Minuten streicheln lassen will. Daher kann er auch gut allein sein, und er liebt Routinen, weil er tief in sich drin verunsichert ist. Dies liegt auch an seinem Aufenthalt im Tierheim und der frühen Kastration. Insgesamt kann man ihn als echten „Couch-*Potato*" bezeichnen. Der dreieinhalbjährige Louie ist mein zweiter Hund. Er schläft wenig, weil er Angst hat, etwas zu verpassen. Er ist sportlich, hektisch, sehr fixiert auf mich und die Menschen, die ihm nahestehen. Am liebsten würde er wie ein Känguru in meinen nicht vorhandenen Beutel hüpfen und nicht mehr von mir lassen. Wenn wir wandern, kann er problemlos zehn Stunden gehen und wird offenbar nicht müde. Sobald er die Möglichkeit hat, zur Ruhe zu kommen, weil wir anderen auch zur Ruhe kommen, schläft er tief ein.

Ich erkenne an mir Wesenszüge, die auch meine beiden Hunde haben, und musste auch durch die Hunde viel lernen. Ich selbst bin impulsiv und werfe mich manchmal in neue Projekte, ohne so richtig darüber nachzudenken. Das hat natürlich Vorzüge. So bin ich zu meinem Beruf gekommen, als ich dachte: ‚Na, Hundetrainer – das könnte ich mir gut vorstellen, morgen melde ich ein Gewerbe an'. Wegen meiner Spontaneität habe ich aber auch schon einige Dinge falsch gemacht. Wenn ich ein Thema gefunden habe, für das ich brenne, muss meine rationale Seite – oder mein näheres Umfeld – mich manchmal zügeln und mir aufzeigen, dass ich eine Pause einlegen muss. Da ich Louie als Welpen bekommen habe, denke ich tatsächlich, dass er auch aufgrund meiner Persönlichkeit so geworden ist. Von

Balou habe ich aber auch etwas. Im Grunde bin ich total genügsam und brauche nicht viel. Ein Wanderurlaub ist mir der liebste. Habe ich Abstand von meinen Projekten, kann ich auch zwei Tage auf der Couch hängen und nichts tun. Mein Fazit würde etwa so lauten: Ich habe von beiden etwas, sowohl Stärken als auch Schwächen."

Wie ist die Dynamik in der Beziehung zu deinen Hunden? Wer bestimmt oder gibt Impulse, wer folgt eher?

Alex: „Da ich Hundetrainer bin und mit Balou einen sehr schwierigen Hund habe, achte ich sehr auf die Beziehung zwischen Mensch und Hund. Diese Strukturen sind der wichtigste Schlüssel zu einem harmonischen Miteinander. Hunde brauchen hierarchische Strukturen, damit sie sich wohl fühlen. Demokratie oder „heute entscheide ich, morgen du" geht bei ihnen nicht. Somit bin ich klar tonangebend, versuche diesen Prozess aber so fair und gemeinwohlorientiert wie möglich zu gestalten. Mein Motto ist: „Je besser du meine Grenzen und Regeln akzeptierst, desto mehr Freiheiten kann ich dir zusprechen". Ich versuche stets eine „*Win-Win*-Situation" zu gestalten, indem ich schaue, was den Hund motiviert oder welches Ziel der Hund in einer Situation hat. Widerspricht es nicht meinen eigenen Prinzipien, dann lasse ich den Hund sein Ziel erreichen – mit einem Verhalten, das meinen Vorstellungen entspricht. So haben beide was davon. Vielleicht mache ich das an einem Beispiel klar: Louie liebt andere Hunde, er will am liebsten zu jedem Vierbeiner hinlaufen, um ihm Hallo zu sagen und zu spielen. Natürlich geht es aber nicht, dass er selbstständig einfach zu fremden Hunden rennt. Also habe ich ihm beigebracht, dass er erst auf meine Freigabe hin zu anderen Hunden laufen darf, die er aber bekommt, wenn mit Blickkontakt bei mir nachfragt. So kann ich entscheiden, ob es in die Situation passt oder nicht."

Glaubst du, deine Hunde zu verstehen?

Alex: „Natürlich nicht immer, aber da mein Faible das Ausdrucksverhalten von Hunden ist, glaube ich schon, sehr sensibilisiert zu sein für die Signale, die uns unsere Hunde viele, viele Male am Tag senden. Manchmal wünsche ich mir, dass es andersherum auch so wäre, sprich, dass mich meine Hunde genauso gut verstehen wie ich sie."

Verstehen deine Hunde dich?

Alex: „Das müsste ich natürlich jetzt Louie und Balou beantworten lassen. Wir kommen im Alltag gut miteinander aus, deshalb denke ich schon, dass die Hunde grob eine Ahnung davon haben, was ich von ihnen erwarte und was ich möchte, wenn ich mit ihnen kommuniziere. Balou ist ein sehr ängstlicher Hund, und manchmal wünsche ich mir, dass er versteht, wenn ich ihm sage: „Es ist alles gut, du brauchst keine Angst zu haben". Dies ist ein wesentlicher Punkt, und ich habe schon einige Male geweint, weil mir mein Hund so leidtat, weil ich genau weiß, dass er dies natürlich nicht verstehen kann."

Wie zeigen deine Hunde ihre Gefühle und wie reagieren sie auf deine?

Alex: „Balou ist ein sehr, verbaler" Hund. Er hat zig verschiedene Arten zu bellen oder singende Töne von sich zu geben. Seine Mimik ist auch sehr ausgeprägt, und er setzt seinen ganzen Körper ein, wenn er seine Stimmung deutlich machen möchte. Louie zeigt vor allen Dingen

Gefühle, wenn man ihn in den Arm nimmt und mit ihm kuschelt. Er schmiegt sich an einen und seufzt leise. Das hat was von innigem Vertrauen."

Welche Eigenschaften oder Verhaltensweisen deiner Hunde bereiten dir Probleme?

Alex: „Puh, wie viel darf ich hier schreiben? Die Liste ist natürlich irgendwie lang, andererseits auch sehr banal. Leute, die mich mit Louie erleben, sind furchtbar neidisch. Er läuft immer ohne Leine, er hört perfekt und ist ein richtig unkomplizierter Hund. Bis er zu Hause vor lauter Aufregung in den Eimer mit Wischwasser tritt, die halbe Wohnung unter Wasser setzt und sich dabei noch so ungeschickt anstellt, dass er hier oder dort sogar ein Kabel aus der Steckdose reißt. Sein Manko ist definitiv seine tollpatschige Art, die ihn aber auch so liebenswert und herrlich macht. Würde ich mir einen Hund ausmalen können, würde ich diese Tollpatschigkeit gegen Ruhe und Besonnenheit eintauschen. Da aber niemand perfekt ist (das wäre auch furchtbar langweilig), liebe ich den Hund für das, was er ist. Balou ist an und für sich auch ein richtiger Traumhund – bis auf seine große Unsicherheit, die sich zu einer Art vorwärtsgewandter Aggression entwickelt hat. Doch durch diesen Hund bin ich zu meinem Beruf gekommen, den ich jeden Tag liebe. Im Großen bin ich also mit beiden Hunden genau so, wie sie sind, zufrieden."

Welcher Zusammenhang besteht dabei zu deiner eigenen Persönlichkeit oder deinen Erfahrungen?

Alex: „Balous Entwicklung resultiert sicherlich aus meiner Überforderung mit einem sensiblen und schwierigen Hund. Würde ich ihn heute nochmal bekommen, würde ich dort vieles anders machen."

Welche Veränderungen haben deine Hunde in deinem Leben bewirkt?

Alex: „Ein Hund bedeutet natürlich viel Verantwortung. Ich bewege mich dank der Hunde sehr viel, deutlich mehr als früher, und ich muss mich zwangläufig mit Dingen beschäftigen, die nicht nur mich selbst beschäftigen. Wenn der Hund krank ist, erwartet er zu Recht, dass ich ihm helfen kann. Ich habe jetzt seit acht Jahren einen Hund und bin inzwischen neunundzwanzig Jahre alt. Ich wäre sicherlich auch ohne meine Hunde erwachsen geworden und gereift, doch haben sie dazu einen großen Beitrag geleistet. Nicht auszudenken, welchen Beruf ich heute ausüben würde, wenn ich nicht durch Balou gezwungen gewesen wäre, mich tief in das Thema Verhaltensentwicklung von Hunden einzulesen."

Was hast du von deinen Hunden gelernt?

Alex: „Frustration auszuhalten und auch in Stresssituationen ruhig und geduldig zu bleiben."

Was hast du ihnen weitergegeben? Haben sie sich verändert, seit sie bei dir sind?

Alex: „Ich würde sagen, dass beide Hunde sich im Wesen nicht groß verändert haben. Balou war ein halbes Jahr alt, als er zu mir kam. Aber auch damals war er schon der genügsame, ruhige Hund gewesen, der am liebsten auf der Couch rumhing. Louie war von Anfang an aktiv und lebhaft. Diese Eigenschaften haben beide heute noch. Der Grundcharakter hat sich also nicht sehr verändert."

Glaubst du, dass deine Hunde sich bei einem anderen Menschen anders entwickelt hätten?

Alex: „Auf jeden Fall. Ich glaube nur an angeborene Tendenzen von Charaktereigenschaften. Ein riesiger Teil unserer Persönlichkeit machen Erfahrungen und der Einfluss unseres nahen persönliche Umfeldes aus. Von daher gesehen wären sie ganz sicher andere Hunde geworden."

Musstest du dich wegen deiner Hunde je mit jemandem auseinandersetzen oder bist in Konflikte geraten?

Alex: „Natürlich. Ein schwieriger Hund ist immer eine Belastungsprobe – nicht nur für einen selbst, sondern auch für die sozialen Beziehungen. Vom Partner bis zur Familie sind natürlich alle sehr involviert und haben hier und da andere Ansichten als man selbst. Die Kunst für mich war also, nicht zu festgefahren zu sein und mich nicht einer eingestellten Betriebsblindheit hinzugeben, sondern stets offen für Argumente anderer Meinungen zu sein. Meine Hunde verteidigen oder mich für sie rechtfertigen musste ich noch nicht."

Haben dich deine Hunde jemals durch eine schwierige Situation begleitet, und wie haben sie sich verhalten?

Alex: „Wenn man Hunde hat, ist man nie ganz alleine. Ich habe meine beiden Hunde mit aus meiner ersten langen Beziehung mitgenommen, die neun Jahre dauerte. Die Hunde helfen dir natürlich, wenn es dir schlecht geht. Rein biologisch weiß ich, dass der Körperkontakt oder auch das ‚von der Seele reden' guttut, weil ich zum Beispiel Oxytocin ausschütte, wenn ich mit meinen Hunden kuschle. Was mir aber auch sehr geholfen hat, ist die Tatsache, dass du nicht einfach versinken kannst. Die Welt dreht sich auch nach einem Schicksalsschlag weiter. Deine Beziehung geht zu Ende, doch der Hund muss auch am nächsten Morgen wieder raus. Du bist gezwungen, weiterzumachen und dich mit deinem Leben auseinanderzusetzen. Das hat im Prozess, das ganze zu verarbeiten, sehr geholfen."

Was schätzt du besonders im Alltag mit deinen Hunden?

Alex: „Ich verbringe durch meine Hunde mindestens zwei Stunden am Tag draußen im Wald oder auf Wiesen. Die Nähe zur Natur und die Bewegung machen mich glücklich und gesund. Weiterhin vergeht kein Tag, wo ich nicht – geschätzt – zehn Mal meine Hunde anschaue und lachen muss oder sie kurz streichle und mir diese Beziehung ein positives Gefühl bereitet."

Was macht die Verbindung zwischen dir und deinen Hunden so besonders?

Alex: „Die bedingungslose Liebe, die mir meine Hunde entgegenbringen. Jeder Mensch strebt in irgendeiner Form nach Anerkennung und Geltung. Zwei Tiere zu haben, die dir folgen und dich anhimmeln, das gibt ein gutes Gefühl."

Alex kann ich nur für sich selber sprechen lassen, sein Interview habe ich deshalb in ganzer Länge übernommen und überlasse es der Leserin und dem Leser, welches Gefühl sich bei ihr oder ihm im Zuge der Geschichte einstellt. Für mich gibt es nichts, was ich hinzufügen oder interpretieren möchte, außer dem Wunsch, dass er weiter so bleibt, wie er ist.

Kapitel 12

Welpen: Chance und Herausforderung

Bereits als die Welpen unseres B-Wurfs fünf Wochen alt waren, haben wir damit begonnen, ihnen spielerisch erste Kommandos beizubringen. Bei so jungen Hunden ist die Konzentration natürlich noch nicht sehr gut ausgebildet, und doch wurde bald klar, wie groß ihre Motivation und Kreativität ist. In gewisser Weise ist es einfacher, einem noch sehr kleinen Welpen etwas beizubringen als einem ausgewachsenen Hund, zumindest solange man die richtige Methode anwendet. Natürlich kann man den Hund in eine Position zwingen oder locken, ob mit körperlichem Druck oder mit Futter. Das kann allerdings bei ihm Stress und Frustration erzeugen, und es hemmt seine natürliche Kreativität.

Bei unseren Welpen haben wir dagegen mit freiem Formen gearbeitet, einer Technik, die dem Hund sehr viel Freiheit und Kreativität lässt. Anstatt ihm meinen Willen aufzuzwingen, lasse ich den Hund machen, was er will – natürlich in einem geschützten Umfeld mit wenig Ablenkung – und dirigiere dann sein Verhalten auf positive Weise. Sobald er auch nur das kleinste Anzeichen der gewünschten Aktion zeigt, wird er belohnt. Um den Welpen das Kommando „Sitz!“ beizubringen, haben wir anfangs beispielsweise schon belohnt, wenn sie auch nur ruhig standen, dann immer länger abgewartet, bis sie sich schließlich aus Langeweile hinsetzten. So kommt man sehr einfach und fast wie von selbst zu dem gewünschten Ergebnis.

Wenn dem Hund klar wird, dass er meine Absicht sozusagen „erraten“ soll, beginnt er von sich aus, verschiedenste Aktionen durchzuführen, um auszuprobieren, wofür er seine Belohnung bekommt. Es ist unglaublich, wie viele Verhaltensweisen dann schon ein Welpe anbietet, sobald er das System verstanden hat. Dadurch lernt er nicht nur den Befehl, sondern auch, selbstständig zu denken, anstatt nur auf Signale zu warten, aber gleichzeitig auch genau die Reaktionen des Menschen zu beachten. Darüber hinaus fördert es Hartnäckigkeit und Toleranz gegenüber Frustration, weil es natürlich dauert, bis der Hund auf die richtige „Lösung“ kommt.

Mithilfe dieser Methode und ohne die Ausdauer und Konzentration der Tiere überzustrapazieren, konnten wir allen Welpen ab dem Alter von sechs Wochen „Sitz!“, „Platz!“, „Hier!“ etc. beibringen. Man könnte glauben, dass sie in einem so jungen Alter noch zu klein dafür wären, doch erstaunlicherweise blühen sie direkt auf und entwickeln eine sehr starke Bindung. Außerdem sind junge Hunde noch völlig offen und lernen so leichter als ein erwachsener Hund, der sein Leben lang streng nach dem System vieler Hundeschulen gelernt hat und deshalb ständig auf Zeichen und Bestätigung des Menschen wartet, anstatt selbst aktiv zu werden. Doch sogar bei einem alten Hund kann man mit freien Formen beeindruckende Ergebnisse erzielen, wenn es auch etwas mehr Übung und vor allem Gewöhnung braucht.

Davon abgesehen, wie praktisch es ist, einen Welpen zu haben, der bei der Abgabe bereits einige Kommandos beherrscht, lernt man durch die intensive Beschäftigung auch sehr viel über den Charakter jedes einzelnen Hundes. Gerade bei der Entscheidung, welcher Welpe zu welcher Familie kommen soll, ist das unglaublich wichtig. Natürlich kann man Welpen stundenlang beim Spielen beobachten, aber dabei erkennt man eigentlich nur das Verhalten bei der Interaktion im Rudel mit den Geschwistern.

Ein relativ ausgeglichener, ruhiger Welpe, kann in einer Gruppe von sehr ängstlichen Artgenossen dominant und bestimmend wirken. Sind alle seine Geschwister jedoch überaus selbstbewusst und frech, wirkt derselbe Charakter vielleicht eher zurückhaltend und vorsichtig. Es ist natürlich nötig, das soziale Verhalten eines Hundes in einem Rudel einschätzen zu können, damit man den richtigen Besitzer für ihn findet, aber entscheidend ist letztlich die Beziehung zwischen Hund und Mensch, bei der nur in wenigen Fällen noch ein Zweithund mit hineinspielt.

Um also die passenden Kombinationen zusammenzustellen, muss man als Züchter herausfinden, wie sich der Welpe einem Menschen gegenüber verhält und welche Rolle er dabei einnimmt. Bei jedem Welpen versuchen wir, einen Interessenten zu finden, bei dem es Entsprechungen im Wesen und in der Lebensweise gibt. Ähneln sich „Herr und Hund" in gewisser Weise, können sie ein wunderbares Team bilden, gerade wenn sich der Mensch dieser Wesensverwandtschaft vielleicht erst durch den Hund bewusst wird.

Aber Ähnlichkeiten sind nicht alles, es geht schließlich um die beiden Persönlichkeiten, das heißt, dass sie sich auch gegenseitig ergänzen sollten. Daher muss man sich die Frage stellen, was für einen Hund dieser Mensch braucht. Muss er herausgefordert werden, aus seiner Komfortzone gelockt werden, braucht er einen Hund, der ihn zu Konsequenz erzieht und somit selbstsicherer macht? Oder braucht er einen Hund, von und mit dem er Gelassenheit lernt, der Sanftheit und Sensibilität erfordert und durch den der Mensch lernt, auch mit sich selbst nicht so streng zu sein?

Für all das ist ein Hund nötig, der in seinem eigenen Charakter gefestigt und erkannt ist und der so seine Aufgabe erfüllen kann. Jeder einzelne Welpe hat dieses Potenzial in sich und ist zu viel mehr fähig, als man ihm vielleicht zutrauen mag. Doch um das zu sehen, muss man sich intensiv mit jedem Einzelnen beschäftigen und ihm Zeit und Aufmerksamkeit widmen. Doch leider wächst der Großteil von Hunden relativ isoliert auf, bei Züchtern, die es für ausreichend halten, die Tiere mit Nahrung zu versorgen und sie vielleicht noch etwas zu beschäftigen. Die einzigen Kontakte, die diese Welpen haben, sind diejenigen mit den Geschwistern, und nur wenn sie Glück haben, auch die mit ihrer Mutter. Dadurch verschenkt man allerdings eine große Chance, denn gerade in einem noch sehr jungen Alter ist es möglich, durch positive Prägungen, vielfältige Erfahrungen und Förderung ihrer Intelligenz und Kreativität den Welpen so vieles mitzugeben. Darüber hinaus geben diese jungen Hunde einem unglaublich viel zurück. Es ist erstaunlich, zu welch enger Bindung, welcher Empathie und welcher Freude sie schon in der Lage sind und wie sie nur darauf warten, dass jemand ihr Potenzial erkennt und sie es ausleben dürfen.

Auch die zukünftigen Besitzer können davon nur profitieren, denn sie bekommen einen Hund, dessen Charakter einzigartig ist und der dafür geeignet ist, mit Menschen in einem Rudel zusammenzuleben, also einen Hund, der sie selbst sehr viel lehren wird.

Je mehr ich mich mit Zucht beschäftige und damit mit Menschen, die ich für meine Welpen auswähle, desto mehr komme ich zu der Überzeugung, dass die Wesenseigenschaften des Hundes zwar angeboren sind, dass es später jedoch stark davon abhängt, wie sie sich entwickeln, weil die Beziehung zu ihrem Besitzer sie beeinflusst.

Der Satz: „Ach so, das ist ja ein Labrador, der hält was aus", ist mir zuwider. Am liebsten würde ich in einem solchen Fall die Gegenfrage stellen: „Warum brauchst du einen Hund, der was aushält?" oder „Was trägt dein stoischer Labrador für dich, indem er sich unbeeindruckt zeigt?"

Oder ein anderes Beispiel. Im Zusammenhang mit Kromfohrländern höre ich oft den typischen Satz: „Das ist ein zwar Hund, aber er ist ein Kromfohrländer!" Stattdessen sollte sich der Interessent fragen: „Warum brauche ich ständig eine Sonderbehandlung?"

Als Züchterin sehe ich meine Aufgabe darin, die Hunde, die ich in die Welt begleite, durch Prägung stark zu machen. Ich habe aber ebenso ein Herz für Tiere, die aus dem Tierschutz oder einem Tierheim vermittelt werden, da diese in ihrem Leben schlecht behandelt oder im Stich gelassen wurden. Auch mit einem nicht optimal geprägten Hund kann man wunderbar zusammenleben und hat immer die Chance, ihn mit viel Geduld positiv zu prägen.

Dazu folgende kurze Geschichte: Bei einem Spaziergang begegnete uns ein Hundebesitzer mit einem kleinen Mischlingsrüden an der Leine. Der Besitzer hatte eine unsichere Haltung, weil sein Hund manchmal unberechenbar auf die Annäherung eines anderen Hundes mit Angriff reagierte. Da meine beiden Hündinnen in der Regel souverän und gekonnt mit solchen Hunden umgehen können, war dieser kleine Kerl innerhalb von Sekunden ihr größter Fan, doch als ein weiterer Rüde dazukam, wurde bei dem Mischling sofort wieder eine aggressive Stimmung erkennbar. Dieser andere Rüde zeigte aber auch eine friedliche Annäherung und natürlichen Respekt, sodass alle vier Hunde harmonisch miteinander umgingen.

Warum ich dies erzähle? Die Geschichte dieses Mischlings ist für einen Hund, der aus schwierigen Verhältnissen kommt, typisch. Mit sechs Jahren wegen seines zerstörerischen Verhaltens an ein Tierheim abgegeben, wurde er später von seiner jetzigen Familie adoptiert, kann aber wegen seiner Unberechenbarkeit nur an der Leine gehen. Die neuen Besitzer hatten keine Hundeerfahrung und waren unsicher und haben für sich festgestellt, dass ihr Hund keine anderen Hunde mag. Ich habe ihn ganz anders wahrgenommen. Er hatte im Gegenteil eine große Sehnsucht nach sozialen Kontakten. Gewiss würde er noch, wenn man ihm ein wenig Zeit zum Lernen gäbe und ihm Begegnungen mit anderen Hunden ermöglichte, in einem Hunderudel eine angepasste und erfüllte Rolle, trotz seiner Vorgeschichte und seines Alters, einnehmen.

Wie finde ich den richtigen Hund?

Unabhängig davon, welche Anstrengungen man unternimmt, den idealen Hund zu finden. Ein Hund wird nicht fertig abgeliefert, sondern entwickelt sich aufgrund seiner Eigenschaften unter meiner Führung zu dem, was ich selber bin. Hunderasse und Geschlecht spielen dabei eine untergeordnete Rolle, vielmehr gibt vor allem die Prägung den entscheidenden Ausschlag dafür, inwieweit sich Eigenschaften positiv oder negativ entwickeln. Aufgrund der Rassebeschreibungen kann ich Vorlieben für Charaktereigenschaften, Fellbeschaffenheit, Größe und Bewegungsdrang erkennen, sie geben aber nur grob eine Richtung an. Unter guter Führung kann sowohl bei einem Rassehund mit bestimmten gezüchteten Eigenschaften als auch bei einem Mischling mit unbestimmten Eigenschaften die Entwicklung sehr unterschiedlich verlaufen. Deshalb gibt es kein richtig oder falsch – ich kann es drehen und wenden, wie ich will –, das heißt, auch wenn ich den perfekten Hund gefunden habe, wird er sich unter meinem Einfluss zu dem entwickeln, was mich ausmacht in meinen bewussten aber auch unbewussten Verhaltensweisen.

Die Suche nach dem richtigen Begleiter

Ein Leben mit einem Hundebegleiter ist einfach unvergleichlich. Natürlich kann man mit etwas Anstrengung und Geduld zu fast jedem Hund eine Beziehung aufbauen, mit der beide Seiten zufrieden gestellt sind. Allerdings werden Menschen, die schon viele Hunde in ihrem Leben hatten, bestätigen können, dass es manchmal einen ganz besonderen Hund gibt, mit dem einfach Klick macht. Es ist schwer zu definieren, was bei diesem Hund anders ist, oder was man als Besitzer auf einmal anders macht. Viel davon hängt mit Kommunikation zusammen. Jeder Hund hat, wie auch jeder Mensch, eine ganz individuelle Art, sich auszudrücken und verständlich zu machen. Stimmen die beiden hier gut überein, können sich Hund und Mensch ganz ohne Worte verstehen. Das soll nicht heißen, dass mein idealer Hund mir alle Wünsche von den Lippen abliest. Es geht hier nicht um Erziehung und natürlich müssen sowohl der Hund, aber vor allem auch ich erst in diese Form der Beziehung hineinwachsen. Es ist eher die emotionale Ebene, auf der ich als Hundehalter spüre, wie sehr ich mit dem Tier verbunden bin. Es stellt sich dann nicht mehr die Frage, ob der Hund überhaupt in mein Leben passt, er gehört einfach dazu und ist nicht mehr wegzudenken.

Doch wie komme ich zu so einem Hund? Eigentlich kommt er, wie vieles im Leben, von selbst zu mir, wenn ich offen dafür bin. Aber nicht nur geduldiges Warten gehört dazu, sondern auch ein Gespür dafür, wo sich dieser Hund auf mich wartet. Egal ob man sich für ein Tierheim, die Hunderettung oder einen Züchter entscheidet, man muss sich klar darüber sein, wie diese Umgebung einen Hund geformt und geprägt haben kann. Man sollte sich also sehr gut darüber informieren, wo ein erwachsener Hund aufgewachsen ist, wo ein Welpe geboren wurde, und welche Menschen oder Artgenossen seine bisherigen

Bezugspunkte waren. Denn die ersten Beziehungen, die ein junger Hund aufbaut, legen den Grundstein dafür, wie sich sein Charakter entwickelt. Das soll nicht heißen, dass ich nicht einen Hund aus schwierigen Umständen, der Schlimmes erlebt hat, aufnehmen kann. Im Gegenteil, doch es kommt auf das individuelle Wesen des Hundes an, und insbesondere darauf, ob ich mir der Aufgabe und der Verantwortung bewusst bin.

Ein perfekter Hund existiert nicht, denn jeder Charakter hat seine Eigenheiten, die manchmal zu Konflikten führen können. Die tatsächliche Suche dreht sich darum, den Hund zu finden, der möglichst gut in mein Leben passt, der mich als Mensch aber auch dazu bringt, mein Potential auszuschöpfen und mich weiterzuentwickeln. Dazu gehört auch ein gewisses Maß an „Herausforderung", die es mir ermöglicht, in die Position als Hundehalter hineinzuwachsen. Ein temperamentvoller, energiegeladener Welpe kann mich Geduld und Konsequenz lehren, denn ohne diese Fähigkeiten würde das Zusammenleben schnell problematisch werden. Ein sehr zurückhaltender, ängstlicher Hund kann meinen Beschützerinstinkt wecken und mir gleichzeitig Behutsamkeit abverlangen.

All diese Prozesse funktionieren aber nur dann, wenn Mensch und Hund auf einer Linie sind, das heißt, wenn sie die Kommunikation des anderen verstehen und prinzipiell „kompatibel" sind. Denn es gibt einige entscheidende Faktoren, ohne die eine Hund-Mensch-Beziehung einfach nicht harmonisch sein kann.

Offensichtlich haben manche Hunderassen Eigenschaften, die sich nicht für jeden Besitzer eignen. Bei der Suche nach einem Hund ist deshalb meist die Wahl einer Rasse der erste Schritt. Generell lässt sich sagen, dass Hunde, die für eine spezielle Arbeit gezüchtet wurden, nur bedingt als Begleithund sinnvoll sind. Und dabei muss man sich klarmachen, dass dies auf mehr Rassen zutrifft, als es scheinen mag. Ein Border Collie ist ein beliebter Familienhund, aber eigentlich in der Lage, stundenlang eine Schafherde zu umkreisen. Ein Beagle ist als Jäger in einer Meute gedacht, nicht dazu, ohne viel Hundekontakt immer angeleint Spazieren zu gehen. Wer sich für einen solchen Hund entscheidet, dem muss ganz klar sein, welches Erbe sein Hund in sich trägt und wie man diesem gerecht werden kann. Selbst speziell als Begleithunde gezüchtete Rassen wie unsere Kromfohrländer sind und bleiben Hunde mit Instinkten und Trieben, die in sinnvolle, gesunde Bahnen gelenkt werden müssen.

Bei Mischlingen wird die Sache noch komplexer, denn oft ist nicht mehr nachzuvollziehen, welche Hunderassen und damit welche Eigenschaften der Hund in sich trägt. Hier kann die beste Herangehensweise nur sein, den Hund so gut wie möglich kennenzulernen, persönlich und im Austausch mit bisherigen Bezugspersonen wie Betreuern aus dem Tierheim oder Pflegestellen. Sofern möglich, können auch Geschwister und deren Besitzer hilfreiche Einblicke geben, denn auch wenn es im Aussehen oft große Unterschiede gibt, so tragen die Wurfgeschwister doch alle das Erbe der gemeinsamen Eltern in sich.

Ist man speziell auf der Suche nach einem Welpen, hat man noch die schwierige Entscheidung für einen Züchter vor sich. Diese Wahl ist ungemein wichtig, weil beim

Züchter der Grundstein für ein ausgeglichenes, sensibles und offenes Wesen des Welpen gelegt wird. Deswegen sollte man als Interessent besonders darauf achten, in welchem Umfeld die Welpen aufwachsen. Eine instinktsichere und fürsorgliche Hundemutter hat ihre Kinder immer im Blick, beginnt aber von Anfang an auch schon damit, ihnen Grenzen beizubringen. Ein junger Welpe saugt wie ein Schwamm alle Eindrücke von außen auf und die größten Vorbilder sind dabei natürlich die Mutterhündin und eventuell weitere Hunde, die an der Welpenbetreuung beteiligt sind. Man sollte sich also unbedingt ein Bild davon verschaffen, wie die Lebenssituation beim Züchter aussieht, vor allem da viele Züchter mehr als einen Hund haben. Spannungen und Aggressionen zwischen den erwachsenen Hunden, aber auch problematisches Verhalten wie extremes Bellen oder Überängstlichkeit, kann bei den Welpen große Spuren hinterlassen. Handelt es sich dagegen um ein harmonisches, geregeltes Hunderudel, in dem die Welpen groß werden, so lernen auch sie schon sehr früh einen sozialen, verträglichen Umgang mit Artgenossen und eine klare Art der Kommunikation. Wenn der Züchter darüber hinaus dann noch eine enge menschliche Beziehung zu seinen Welpen aufbaut und sie mit allen erdenklichen Eindrücken und Situationen konfrontiert, ohne sie je zu überfordern, dann kann man sicher sein, den Richtigen gefunden zu haben.

Genau so ging es uns bei der Suche nach unserem ersten Kromfohrländer, die schließlich bei unserer Hündin Dorle endete. Schon nach dem ersten Gespräch mit der Züchterin war klar, dass wir die richtige Stelle für einen Traumhund gefunden hatten. Es war die sensible Art dieser Frau, auf den ersten Blick zu erkennen, welchen Hund wir brauchten und ihre Gewissheit, dass sie irgendwann einen passenden Welpen für uns finden würde, die uns motivierten, trotz einiger Rückschläge mehrere Jahre auf eine Hündin aus ihrer Zucht zu warten. Dafür waren wir absolut sicher, ihr in der Wahl eines Welpen für uns vertrauen zu können, und noch dazu, dass ihre charakterstarken und gleichzeitig hochsensiblen Hunde genau die richtige Kinderstube bieten würden.

Natürlich spielt die Vererbung beim Charakter eines Hundes eine wichtige Rolle, doch sollte man nicht mit dem Anspruch ankommen, einen Welpen zu bekommen, der genauso wie seine Mutter oder sein Vater ist. Dafür sind die einzelnen Hundepersönlichkeiten einfach zu verschieden, was sich auch an den Unterschieden zwischen den Geschwistern zeigt.

Letztendlich lässt sich nichts anderes sagen, als dass man es einfach weiß, wenn man am richtigen Ort ist, und erst recht, wenn man den Hund selbst dann kennenlernt. Allerdings ist das gerade bei Welpen oft das Problem, denn richtig kennen lernt man sie erst, wenn sie schon bei einem eingezogen sind. Wenn sich dann herausstellt, dass es doch nicht so gut passt, ist es meist zu spät, die ganze Familie hängt an dem Hund, der Welpe fühlt sich schon wie zu Hause und die nächsten Jahre werden ein Kampf, eine praktikable Lösung zu finden. Das eigentliche Problem rührt aber daher, dass man als Welpenkäufer einen Züchter besucht und hin und weg ist von den Welpen, einer bezaubernder als der andere. Auch wenn man sich noch so sehr um Neutralität bemüht, kann man doch nicht anders, als sich nach optischen Kriterien zu entscheiden. Doch auch wenn man Stunden im Welpenauslauf verbringt und beobachtet, ja vielleicht sogar kleine „Charaktertests“, wie man sie in Büchern und im Internet findet, mit den jungen Hunden macht, hat man am Ende trotzdem nur eine Momentaufnahme, einen kleinen Einblick in die Persönlichkeiten der Welpen. So viele Faktoren können diesen Eindruck verfälschen und doch treffen immer noch viele Menschen eine so weitreichende Entscheidung auf dieser Basis.

Wie sich Welpen verhalten, ist jedoch extrem tagesformabhängig, davon, wie viel sie geschlafen oder gefressen haben, davon, mit wem sie spielen und in welcher Umgebung sie sich befinden.

Darüber hinaus entwickelt sich jeder Welpe in seinem eigenen Tempo. Wir waren beispielsweise lange davon überzeugt, dass Anou, die wir letztendlich aus unserem ersten Wurf behielten in den ersten Lebenswochen immer als erste voranging. Sie schien immer wach zu sein, wenn ihre Geschwister schliefen und war sehr selbstbewusst. Im Alter von vier bis fünf Wochen schlug die Dynamik zwischen den Welpen aber auf einmal um. Plötzlich war sie nicht mehr diejenige, die alles Neue zuerst erkundete, sondern hielt sich zurück und suchte lieber Schutz. Im Nachhinein ist verständlich, dass Anou in ihrer Entwicklung einfach ein bisschen schneller war als ihre Geschwister, es konnte ihr gar nicht schnell genug gehen und sie langweilte sich. Nachdem die anderen sie aber sozusagen „eingeholt“ hatten, konnte man erst einen sinnvollen Vergleich des Verhaltens anstellen. Manche Welpen machen also einen Entwicklungsschub durch, was sie reifer, wacher oder temperamentvoller wirken lässt, andere brauchen vielleicht etwas länger und machen auf einen Außenstehenden einen verschlafenen oder sehr zurückhaltenden Eindruck. Wie soll man sich dabei aus einzelnen Momentaufnahmen ein verlässliches Bild davon machen, ob ein Welpe der richtige ist? Am besten überlässt man dies dem Züchter, denn nur im alltäglichen Umgang mit dem Wurf über den Zeitraum von Wochen hat man die Sicherheit, jeden Welpen so gut zu kennen, dass man die passenden Familien für sie aussuchen kann. Deswegen könnten wir es in unsere Zucht allein schon aus Verantwortung gegenüber den Menschen, die unsere Welpen bekommen, gar nicht anders umsetzen, als die Verteilung der Hunde selbst festzulegen. Ganz zu schweigen davon, dass man einen Welpen, den man vom ersten Moment an mit viel Liebe und Umsicht betreut hat, nur mit einem absolut sicheren guten Bauchgefühl abgeben kann. Natürlich verlangt das den Welpeninteressenten viel an Geduld und Vertrauen ab, denn sie warten, ohne die Garantie zu haben, dass ein Welpe für sie dabei sein wird. Außerdem ist es nur menschlich, eine gewisse Vorliebe für einen bestimmten Welpen zu entwickeln, die dann manchmal aber eben nicht erfüllt werden kann. Doch die Erfahrung und das glückliche Leben all unserer Hundefamilien sind die beste Bestätigung für diesen Ansatz.

Durch die Aufzucht und Betreuung der Welpen rund um die Uhr stellt sich gar nicht mehr die Frage, ob wir sie gut genug kennen. Viel entscheidender ist es für uns, die Interessenten richtig einzuschätzen. Denn natürlich sind erst einmal alle Hundesuchenden freundlich und aufgeschlossen und es gibt viel mehr Menschen, denen wir gerne einen Hund anvertrauen würden, als Welpen geboren werden können. Es geht also darum, festzustellen, ob für genau diese Familie in dem Wurf ein passender Welpe dabei ist. Und nicht nur die Situation zum Zeitpunkt der Abgabe ist bedeutend, denn das Wesen eines Welpen ist genauso wie die Einstellung und Kapazität der neuen Hundehalter nicht in Stein gemeißelt. Beide werden sich im Lauf der Zeit aneinander anpassen und miteinander wachsen. Deswegen ist es so wichtig auch das Potential der Menschen einzuschätzen, sich auf ihren Welpen einzustellen und sich weiterzuentwickeln. So kann auch dieser sein eigenes Potential erfüllen und zu einem ausgeglichenen und wesensfesten Hund heranwachsen, der letztendlich positive Veränderungen in seiner Familie bewirkt hat.

Denn ein Hund wird ja nicht fertig abgeliefert, sondern entwickelt sich aufgrund seiner Eigenschaften unter meiner Führung zu dem, was ich ihm widerspiegle. Hunderasse und Geschlecht spielen dabei eine untergeordnete Rolle, vielmehr gibt vor allem die Prägung den entscheidenden Ausschlag dafür, inwieweit sich Eigenschaften positiv oder negativ entwickeln. Aufgrund der Rassebeschreibungen kann ich Vorlieben für Charaktereigenschaften, Fellbeschaffenheit, Größe und Bewegungsdrang erkennen, sie geben aber nur grob eine Richtung an. Bei verschiedenen Menschen könnte sowohl bei einem Rassehund mit bestimmten gezüchteten Eigenschaften als auch bei einem Mischling mit unbestimmten Eigenschaften die Entwicklung sehr unterschiedlich verlaufen. Deshalb gibt es kein richtig oder falsch, auch wenn ich den perfekten Hund gefunden habe, wird er sich unter meinem Einfluss zu dem entwickeln, was mich ausmacht in meinen bewussten aber auch unbewussten Verhaltensweisen.

Wenn ich mich auf die Suche nach einem Hund begebe, sollte ich mich vorher Folgendes fragen:

- Welche Aufgabe soll der Hund in meinem Leben übernehmen?
- Woher rührt der Wunsch nach einem Hund? Versuche ich, etwas zu kompensieren, etwa eine Trennung, einen Verlust oder unerfüllten Kinderwunsch?
- Kann ich einem Hund der Rasse, die ich ins Auge gefasst haben, die geeigneten Lebensumstände bieten?
- Habe ich schon Hunde der Wunschrasse „in Aktion“ gesehen und mit Besitzern gesprochen?
- Kenne ich das bisherige Umfeld des Hundes, z. B. beim Züchter, in der Tierrettung, und bin mir bewusst, wie dieses den Hund geprägt haben kann?
- Habe ich einen kompetenten Ansprechpartner, beispielsweise den Züchter oder einen Mitarbeiter im Tierheim, der den Hund und mich sehr gut kennt und beraten kann?
- Bin ich auch bereit, mich auf das individuelle Wesen des Hundes einzulassen und ihn so zu nehmen, wie er ist?

Kapitel 13

Plädoyer für einen weiteren Hund

Als meine beiden Kinder noch sehr klein waren, starb mein alter Hund und treuer Freund Lukas. Mit seinem Ableben wollte ich das Kapitel Hund für mich abschließen, und obwohl mir Lukas sehr fehlte, hatte ich keine Motivation, mir noch einmal einen Hund anzuschaffen. Nur der Hartnäckigkeit meiner Tochter Hanna, die jahrelang auf ihren Wunschlisten für Geburtstage oder Weihnachten einen Hund an die erste Stelle setzte, verdanke ich es, dass ich bereit war, mich auf dieses Abenteuer erneut einzulassen.

Ich hatte die Rasse Kromfohrländer bereits zu Lukas' Lebzeiten entdeckt. Mir erschienen diese mittelgroßen, familienfreundlichen Begleiter als ideale Wahl für unsere Familie. Doch erst als ich mich konkret mit der Rasse beschäftigte, erfuhr ich, dass es in dieser Hunderasse sehr große gesundheitliche Probleme gab. Ich las in diesem Zusammenhang von dem Prinzip des Einkreuzens, was mich sehr interessierte und suchte nach Züchtern, deren Ziel es war, durch einkreuzen Hunde ohne erbliche Belastung zu züchten

Von der Idee fasziniert und froh, eine Möglichkeit gefunden zu haben, wurde mein Entschluss immer konkreter. Als wir dann sogar eine Züchterin besuchen durften, und sie mir eine vier Wochen alte Hündin in den Arm legte, öffnete sich in mir wieder ein tiefer Wunsch nach einem Hund. Noch heute bin ich meiner Tochter unendlich dankbar für ihre Beharrlichkeit, denn mit Dorles Einzug in unser Haus sollte sich so viel Positives ereignen.

Dass ich einmal ebenfalls Züchterin werden und mein eigenes Einkreuzprojekt begründen würde, ahnte ich damals noch nicht. Dass später auch ein zweiter, Dorles Tochter Anou und fünf Jahre später noch ein dritter Hund, Anous Tochter Cannelle, unser Leben auf den Kopf stellen würde, war genauso wenig vorstellbar. Doch zu all diesen Wundern kam es, und heute kann ich mir ein Leben ohne unser Hunderudel überhaupt nicht mehr vorstellen. Ich möchte nicht verschweigen, dass es am Anfang anstrengend ist, wenn man sich für einen zweiten oder weiteren Hund entscheidet, weil sich vieles dadurch ändert. Aber wenn diese Phase der Umstellung überwunden ist, wird alles andere sogar einfacher.

Das Schönste ist für mich die Beziehung, welche die Hunde zueinander haben. Die Bindung zwischen Dorle, Anou und Cannelle zeigt mir Tag für Tag, dass wir Menschen sind und als solche mit all unserer Zuwendung und Einfühlsamkeit zwar eine sehr enge Hund-Mensch-Beziehung aufbauen können, aber dennoch die Körpersprache und den Austausch mit einem Artgenossen nicht ersetzen können. Hunde wurden für das Zusammenleben mit Menschen gezüchtet, doch selbst Jahrtausende der Domestizierung haben ihren Ursprung als Wölfe, die in einem Rudel leben, nicht ausgelöscht. Hunde liebkosen sich auf andere Art und Weise, als wir Menschen es vermögen, sie fressen gemeinsam, sprinten zusammen los, schnüffeln die Umgebung ab, nehmen gemeinsam Kontakt zu anderen Hunden auf und beschützen sich gegenseitig. Sie verbellen gemeinsam vermeintliche

Eindringlinge in ihrem Revier, warten zusammen und schlafen eng aneinander geschmiegt die ganze Nacht nebeneinander.

Es ist für uns alle sehr wertvoll, mit diesem Hunderudel zusammenzuleben. Für mich ist es mit drei Hunden ideal. Aber wer weiß, was noch passiert? Auf jeden Fall ist jeder weitere Hund, den man nach dem ersten zu sich holt, ein neuer Spiegel, der dem Menschen hilft, sich selbst in einem anderen Licht zu erkennen. Ein zweiter Hund stellt eine Bereicherung für die ganze Familie dar, insbesondere für seinen Artgenossen. Ich selbst als Rudelchefin kann viel von der Beziehung zwischen meinen Hunden lernen, etwa davon, wie sie miteinander kommunizieren und liebevoll, aber konsequent miteinander umgehen.

Es ist bei einer Haltung mehrerer Hunde natürlich entscheidend, dass ihre Charaktere zusammenpassen und harmonieren. Da es sich bei uns jeweils um Mutter und Tochter handelt, gingen die Übergänge fließend. Auch bei Anous Tochter Cannelle konnten wir sehr früh erkennen, dass sie sich mühelos in unser Rudel einpasst. Wenn man allerdings als Besitzer eines Hundes nach einem zweiten sucht, ist die Entscheidung womöglich etwas schwieriger. Wichtig ist, dass man den Tieren eine stabile Rangordnung im Rudel ermöglicht. Meistens, wenn auch nicht immer, nimmt der ältere, erfahrene Hund die Führungsposition ein, und der Neuling muss sich ihm unterordnen. Schwierig wird es, wenn es sich beim Neuankömmling um einen recht dominanten, vielleicht sogar körperlich überlegenen Hund handelt, der dem Ersthund seinen Rang streitig macht. Also wäre es ideal, einen eher zurückhaltenden, friedliebenden Charakter auszuwählen, der sich an seinem Artgenossen orientiert und dessen Stellung respektiert.

So sieht es in unserem Rudel aus: Dorle ist eindeutig der „Typ Chefin“, die sich nie gut mit einer ähnlichen Hündin verstanden hätte. Anou dagegen ist die perfekte Ergänzung, da sie die Führung ihrer Mutter akzeptiert und in ihrer Rolle zufrieden ist.

Aber auch wenn man bereits einen unterwürfigen, etwas unsicheren Hund hat, kann ein Zweithund, der die Führung übernimmt, dem anderen Orientierung und Unterstützung geben. So hat Cannelle von Natur aus sanft und schüchtern zwischen Dorle und Anou ihren Platz gefunden. Letztlich muss die Chemie zwischen den Hunden stimmen, sodass die Charaktere in der Rangordnung zufrieden und ausgeglichen sein können. Dann profitieren alle Beteiligten vom Leben im Rudel und lernen voneinander.

Manchmal stelle ich mir vor, wie sich Anou ohne ihre Mutter entwickelt hätte. Ich bin der festen Überzeugung, dass es ihr guttat, von der Mutter bis ins Erwachsenenalter begleitet zu werden und dass ihr das Leben in einer Gemeinschaft viel gebracht hat. Anou hat im Laufe ihrer Jugend gelernt, ihre Nervosität abzulegen und sich selbst zu vertrauen, weil Dorle ihr Sicherheit und Schutz geboten hat, ohne sie zu bevormunden. Im Gegenzug brachte Anou Leichtigkeit und Heiterkeit in Dorles Leben und motivierte sie häufig aus ihrer „gemütlichen Ecke“ hervor zu kommen. Nachdem sich nun auch noch Cannelle dazugesellte, veränderten sich die Positionen noch einmal. Dorle ist ihr Ruhepol und sie wird von ihr liebevoll umsorgt und darf sich immer an sie kuscheln, wenn sie möchte. Anou hat die Rolle der Spielgefährtin und Wächterin übernommen und kümmert sich ebenfalls sehr zärtlich um Cannelle. So bilden sie ein wunderbares Rudel und bereichern sich gegenseitig.

Zwei oder mehrere Hunde zu halten ist eine Herausforderung, aber auch eine großartige Chance auf ein noch besseres Zusammenleben mit Hunden.

Kapitel 14

Die Sprache der Hunde

Schon unzählige Experten und Wissenschaftler haben sich mit der Kommunikation von Hunden befasst, aber das Gebiet der „Hundesprache" ist noch lange nicht vollständig erforscht. Ich will mir hier nicht anmaßen, wissenschaftliche Erkenntnisse zu liefern, genauso wenig will ich bereits Bekanntes wiederholen. Stattdessen möchte ich nur darauf hinweisen, was ich im Laufe meines Lebens mit Hunden beobachtet habe. Die Art und Mittel der Kommunikation jedes einzelnen Hundes sind so verschieden wie diejenigen der Menschen. Ebenso wie sich Hunde in ihrem Charakter unterscheiden, sind auch die Methoden und Tonlagen unterschiedlich, die ihnen helfen, einander und Menschen mitzuteilen, was sie zu sagen haben. Um die Gefühle und Gedanken meines Hundes nachvollziehen zu können, und das ist unerlässlich für ein harmonisches Zusammenleben, muss ich dem Tier eine große Empfindsamkeit entgegenbringen und mich auf seine Kommunikation einlassen.

Ein großer Anteil dessen, was den Alltag mit Hunden schwierig gestaltet, ist darauf zurückzuführen, dass die Tiere nicht richtig verstanden werden. Sehr eindrücklich hat mir dies Anou vor Augen geführt. Sie ist überaus kommunikativ, will viel mitteilen und ist frustriert, wenn man sie nicht versteht. Anou hat die Eigenart, mit Wolfsgeheul zu mir gelaufen zu kommen, um mich auf die Türklingel oder das Telefon hinzuweisen. Sie kann mich eine halbe Stunde lang mit Heulen und vorwurfsvollen Blicken verfolgen, weil ich nicht am richtigen Platz sitze, wenn sie sich an mich kuscheln möchte. In ihrer Hartnäckigkeit gibt sie nicht auf, so begriffsstutzig ich auch sein mag, sondern wartet, bis ich ihre Botschaft endlich begreife. Doch dann wirken ihre Erleichterung und überschwängliche Freude beinahe komisch, so glücklich ist sie darüber, endlich verstanden worden zu sein. Das überträgt sich bei der Hündin auf alle Bereiche des Lebens. Sie ist beharrlich in ihrer eigenwilligen Kommunikation und will eigentlich nur, dass man ihre Botschaften erfasst und ernst nimmt.

Dorle hingegen ist viel zurückhaltender und passiver, wenn es darum geht, mir klarzumachen, was los ist. Sie ist ein Charakter, der wenig aus sich herausgeht. Herumzuspringen und zu jammern, so wie Anou es tut, ist ihr fremd. Stattdessen zeigt sie mir unglaublich viel mit ihrem Blick. Sie ist einer der wenigen Hunde, die wirklich Blickkontakt zu einem Menschen aufnehmen, nicht als drohendes oder herausforderndes Starren, sondern auf eine ganz ruhige Art und Weise. Aus ihren Augen lässt sich so viel darüber herauslesen, was in ihr vorgeht. Vor allem in unsicheren Situationen nimmt sie Blickkontakt zu mir auf, wie um mich zu fragen: „Was sollen wir jetzt tun?" Sie übermittelt außerdem viel von ihrer Zuwendung und Liebe über Körperkontakt. Normalerweise ist Dorle ein Hund, der Freiraum braucht und deshalb lieber mit etwas Abstand neben mir liegt. Doch wenn sie sich unwohl fühlt oder es mir schlecht geht, klebt sie auf einmal wie ein Schatten an mir. Ganz typisch für sie ist eine sehr charakteristische Geste, wenn sie mir die Pfote, ähnlich wie ein Mensch die Hand, auf den Arm oder auf das Bein legt. Damit spricht sie eine deutlichere Sprache, als man es mit Worten je könnte, und zeigt, dass sie da ist, alles versteht und Anteil nimmt. All das sind nur Beispiele aus dem Alltag mit Dorle und Anou, und ich bin sicher, dass jeder Hundehalter seine eigenen Erlebnisse hinzufügen kann.

Wir haben das unglaubliche Glück, mit Wesen zusammen zu sein, die ihr Innenleben völlig offen kommunizieren, sofern wir uns darauf einlassen. Sie sagen immer die Wahrheit in ihrer eigenen Sprache, und wenn es uns gelingt, diese zu verstehen, ist ein wichtiger Schritt getan. Doch umgekehrt müssen wir Menschen unsere Kommunikation mit unseren Hunden darauf ausrichten, dass diese sie auch begreifen können. Uns muss klar sein, dass wir unseren Hund nicht so leicht täuschen können und dass Verstellung nichts bringt. Wenn ich meinen Hund davon überzeugen möchte, dass er meine Autorität anerkennen soll, muss zuallererst ich selbst davon überzeugt sein. Wenn ich meinem Hund zeigen will, dass ich ihn lieb habe, muss ich auch in Gedanken ganz bei ihm sein. Und schließlich muss ich, wenn ich das Vertrauen meines Hundes gewinnen will, in allen Lagen konsequent vertrauenswürdig sein.

Es ist nicht so, dass ich als Mensch versuchen muss, wie ein Hund zu kommunizieren. Dazu bin ich erstens gar nicht in der Lage, und zweitens verwirrt es den Hund nur. Er ist durch seine Anpassung über Generationen hinweg sehr gut darin geübt, die Kommunikation der Menschen zu verstehen. Ja oftmals sogar besser, als es uns selbst gelingt. Mancher Hundehalter wird das Erlebnis kennen, wenn der eigene Hund einen fremden Menschen noch vor ihm selbst durchschaut, während er sich vielleicht vom

Schein hat blenden lassen und erst im Nachhinein seine wahren Absichten erkennt.

Genauso durchschaut mein Hund mich, wenn ich vielleicht, ohne es mir bewusst zu sein, mit mir nicht ganz im Reinen bin. Das zeigt mir mein Hund ganz deutlich, und auch das ist eine Form von Kommunikation.

Die Sprache der Hunde ist ihnen eigen und wirkt auf uns manchmal unverständlich oder sehr hart, etwa wenn wir beobachten, wie sie die Rangfolge in einem Rudel aushandeln. Doch in Wahrheit sind sie dabei einfach nur konsequent. Mit Körpersprache und Mimik drücken sie sich aus, keiner muss daher „zwischen den Zeilen" lesen, jede Handlung hat eine natürliche Konsequenz und braucht keine lange Diskussion. Wenn ich also mit Hunden genauso klar kommunizieren möchte, muss auch ich so konsequent sein. Will ich etwa dem Hund zeigen, dass ich nicht zufrieden mit ihm bin, muss es auch einen unmittelbaren Grund dafür geben. Ich kann nicht stundenlang „beleidigt" sein, wenn er etwas angestellt hat, sondern schimpfe sofort, und damit ist die Sache erledigt. Genauso wenig kann ich den Hund für ein bestimmtes Verhalten bestrafen, wenn ich es zuvor dauernd ignoriert habe. Aber auch in positiver Hinsicht gilt diese konsequente Kommunikation. Ein Besitzer, der seinen Hund aus einer Laune heraus mit Liebe überschüttet und aufpeitscht, ihn aber, wenn er gerade keine Lust darauf hat, für genau diese Euphorie bestraft, verwirrt seinen Liebling nur. Ähnlich verhält es sich mit Menschen, die es „nur gut meinen", dem Hund alles erlauben, wozu er Lust hat, und die dann, wenn er irgendwann doch zu weit geht, wenn eine unsichtbare Grenze überschritten wird, auf einmal eingreifen. Dann ist es natürlich klar, dass der Hund, der bisher den Menschen kaum als Autorität wahrgenommen hat, diese erst einmal ablehnt.

Ein Besitzer beispielsweise, der den Hund immer vom Essenstisch füttert, sobald das Tier bettelt, vermittelt ihm die Botschaft, er habe das Recht, das Essen zu bekommen, und müsse es nur lange genug versuchen, um Erfolg zu haben. Logischerweise holt sich dieser Hund dann eigenmächtig Essen vom Tisch, wenn er allein in der Küche ist. Denn das hält er jetzt für sein gutes Recht, und er reagiert überrascht und ablehnend, wenn sein Besitzer ihm das verbieten will. Ich muss als Besitzer meinem Hund also klar zeigen, wo Grenzen sind, und diese auch konsequent einhalten. Nur so fühlt sich das Tier sicher und kann mir vertrauen, denn es kann sich darauf verlassen, dass ich das, was ich ihm mit meiner Stimme oder Körpersprache sage, auch ernst meine.

Gelingt es dem Menschen, mit dem Hund auf einer Linie zu kommunizieren, wenn auch nicht auf derselben Ebene, und dessen Sprache auch zu verstehen, dann können die beiden zu einem harmonischen Team zusammenwachsen und ohne Spannungen miteinander leben.

Wie kann ich nun die Sprache der Hunde besser verstehen?

- Die Stimme ist ein sehr gutes Mittel, sich einem Hund verständlich zu machen.
- Wenn man einem Hund zuhört, so hat er vielfältige Möglichkeiten, sich auszudrücken: bellen, winseln, knurren, heulen etc. Die Bandbreite seiner Emotionen zeigt sich durch die Färbung der Stimme, d. h. ein Knur-

ren kann eine schwache Warnung sein oder gefährlich laut klingen.

- Die Sprache eines Hundes ist immer eindeutig, kommt ohne viel „Text" aus und gibt vor, wie wir uns unserem Hund verständlich machen können.
- Versuchen Sie mit ihrer Stimme die Aufmerksamkeit Ihres Hundes zu lenken. Eine höhere Stimmlage gibt ihm das Gefühl, dass alles gut ist und dass man ihn mag, stellt damit also eine positive Verbindung zu ihm her. Ich nenne diese Stimmlage gerne „flöten", weil sie eher ungewöhnlich ist und weit entfernt von dem üblichen Befehlston.
- Wenn Sie mit Ihrem Hund Kommandos einstudieren, loben Sie ihn mit höherer Stimme. Ebenso sollten Sie bei einem Abruf immer eine freundliche Stimmlage wählen, so als ob Sie sich sehr freuten, wenn er zu Ihnen kommt.
- Darüber hinaus können Sie einem Hund durch Knurren vermitteln, dass sie mit seinem Verhalten nicht einverstanden sind. Probieren Sie einmal statt eines Nein ein kräftiges Knurren verlauten zu lassen. Diese Sprache versteht jeder Hund.

Kapitel 15

Kastration, ein Eingriff in die Persönlichkeit

Als Hundebesitzer muss man sich beim täglichen Spaziergang nur einmal umsehen. Wie vielen kastrierten Hunden begegnet man? Ich höre so oft den Satz „kann nichts mehr passieren", weil es üblich ist, dass ein Hund normalerweise kastriert durch sein Hundeleben läuft. In manchen Fällen gibt es tatsächlich gesundheitliche Gründe, die für die Kastration von Rüden und Hündinnen sprechen, oft geht es aber eher darum, dem Hund kein sexuelles Verhalten zuzugestehen. Leider werden viele Hunde bereits vor der Pubertät kastriert, um zu verhindern, dass sie überhaupt eine geschlechtliche Rolle annehmen. Die Hormonumstellung in der Pubertät und die damit einhergehende mögliche schwierige Erziehbarkeit sind eigentlich als Bequemlichkeit der Hundebesitzer einzustufen. Das Argument für ein erhöhtes Krebsrisiko ist überholt und stellt keine medizinische Indikation für diesen Eingriff dar. Laut Gesetz ist es einem Tierarzt nur aus vernünftigen Gründen gestattet eine Kastration durchzuführen. Dazu zählt als Grund beispielsweise eine Tumorerkrankung oder eine Gebärmutterentzündung. Eine Kastration aus Bequemlichkeitsgründen, weil man die Läufigkeit einer Hündin lästig findet oder meint, ein Rüde würde sich leichter erziehen lassen, sind laut Tierschutzgesetz nicht erlaubt.

Wenn sich eine Kastration nicht vermeiden lässt, dann sollte sie trotzdem nicht vor dem zweiten Lebensjahr vorgenommen werden. So hat der Hund zumindest die Möglichkeit, in seiner Geschlechtsrolle erwachsen zu werden und einen geschlechtsspezifischen, sozialen Umgang mit seinen Artgenossen zu lernen.

Bei einem ausgewachsenen Hund, der über einen gefestigten, ausgereiften Charakter verfügt, richtet eine Kastration nicht mehr so viel Schaden an. Es bleiben natürlich die Folgen dieses Eingriffes nicht aus, aber in manchen Fällen ist dies für alle Beteiligten das kleinere Übel. Hier könnte sie vielmehr einem sehr triebgesteuerten Rüden das Leben leichter machen oder das einer Hündin, durch die Läufigkeit unter starken Hormonschwankungen leidet. Deshalb ist es in manchen Fällen nötig und verbessert die Lebensqualität von Hund und Mensch.

Insbesondere bei Hunden, die bereits vor oder in der Pubertät kastriert werden, stellt sich die Frage „Wieso eigentlich?" Das Geschlecht eines Hundes hat Auswirkungen auf dem Alltag, und das damit verbundene Verhalten kann anstrengend sein. Doch letztlich gehört diese Seite eben auch zu seinem Charakter und ist ein wichtiger Bestandteil seines Wesens.

Es ist beispielsweise gerade Dorles ausgeprägte Mütterlichkeit, die sie zu einer so empathischen und liebevollen Gefährtin macht. Natürlich hätte ich sie nach der ersten Läufigkeit und der darauffolgenden Scheinträchtigkeit sofort kastrieren lassen können. Wenn ich den Rat meiner damaligen Tierärztin befolgt hätte, wäre sie sogar vor der ersten Läufigkeit kastriert worden. Doch anstatt sie damit in ihrer Persönlichkeit zu „amputieren", lernte ich, mit ihren Läufigkeiten, und den damit einhergehenden Symptomen der Scheinträchtigkeit umzugehen. Ich entwickelte Wege, ihr in dieser Situation zu helfen, etwa durch homöopathische Mittel, durch Ablenkung, oder indem ich einfach das Spielzeug, das als Welpenersatz diente, von vornherein verschwinden ließ. Schließlich führte mich Dorle gerade durch ihre Mütterlichkeit zur Hundezucht. Dies ist natürlich nicht für alle Hündinnen möglich, aber eine Läufigkeit ist keine Krankheit. Sie bringt den gewohnten Alltag etwas durcheinander und die Hündin verändert sich auch in dieser Zeit, aber dies gehört nun einmal zu ihrer Natur. Solange nicht ernsthafte Erkrankungen auftreten, besteht weder bei Rüden, noch bei Hündinnen eine Veranlassung, eine Kastration durchzuführen. Das Tierschutzgesetz dient alle Tieren davor eigentlich geschützt zu sein. Jeder Eingriff sollte deshalb sehr gut überlegt und ausführliche Informationen über die langfristigen Folgen einer Kastration unbedingt in die Entscheidung mit einbezogen werden.

Wenn der Beweggrund das Verhindern einer ungeplanten Fortpflanzung ist, kann man als Hundehalter auch auf eine Sterilisation (Durchtrennen der Samen- bzw. Eileiter) zurückgreifen. Damit wird weder der Hormonhaushalt, noch die Persönlichkeit des Hundes beeinflusst. Problematisches Verhaltensweisen können nicht durch eine Kastration alleine nicht verändert werden, häufig ergeben sich danach andere Schwierigkeiten.

Was sollte ich mich fragen, bevor ich über eine Kastration nachdenke?

- Welche Probleme habe ich mit meinem Hund?
- Habe ich Schwierigkeiten mit der Erziehung? Eine Kation schafft dominantes Verhalten ebenso wenig aus

der Welt wie Probleme, die der Besitzer möglicherweise mit seiner Autorität hat.

- Bin ich einfach zu bequem mich mit Läufigkeit/Erziehung zu belasten?
- Warum habe ich mir einen Rüden/Hündin gesucht? Was stört mich an der Mütterlichkeit meiner Hündin oder der Männlichkeit meines Rüden?
- Will ich eine ungeplante Fortpflanzung vermeiden? Habe ich mich ausreichend über andere Methoden dazu informiert.

Kapitel 16

Wastl lehrte mich loszulassen

Die Geschichte von Wastl ist traurig und kurz und gehört zu der Kategorie schicksalhafter Unglücke, die ich nicht ändern kann, so hart es auch für mich war. Der kleine Rauhaardackel Wastl kam in mein Leben als Wiedergutmachungsversuch meines damaligen Partners, der mir den zwölf Wochen alten Welpen schenkte, nachdem er mich aus der Klinik abgeholt hatte. Gerade erst neunzehn Jahre alt geworden befand ich mich nach einer Abtreibung, zu der er mich gedrängt hatte in einem Schockzustand. In dieser Ausnahmesituation bekam ich dieses kleine Bündel in meine Arme gelegt. Auch wenn ich in dem Moment nicht richtig erfasste, was es für mich bedeutete, einen kleinen Hund zu bekommen, steckte ich meine Nase in sein duftendes Welpenfell und war glücklich.

Wastl half mir, den Schmerz zu vergessen, und sein pfiffiges und gleichzeitig anhängliches Wesen brachte mich sehr oft zum Lachen. Der kleine Hund stammte aus einer Jagdzucht, sein etwas ängstlicher und sensibler Charakter, den er bereits als Welpe zeigte, hatte den Züchter davon abgehalten, ihn an einen Jäger abzugeben. So wie ich ihn kennengelernt habe, wäre er dafür auch ungeeignet, und den harten Erziehungsmaßnahmen und Anforderungen in der Jagdhundeausbildung, nicht gewachsen gewesen.

Diese Eigenschaften machten es aber mir sehr leicht, ihn in meinem Leben ein Zuhause zu geben. Da wir uns in unserer Gefühlswelt sehr gut verstanden, fanden wir sofort zueinander und entwickelten eine enge Bindung.

Es dauerte allerdings nicht lange, bis klar wurde, dass ein Hundewelpe nicht so einfach in einem anstrengenden Arbeitsalltag unterzubringen ist. Obwohl ich ihm wenig Aufmerksamkeit schenken konnte, passte er sich ohne Schwierigkeiten in mein Leben ein und war zufrieden, wenn er in meiner Nähe war. Alles, was ich an mütterlichen Gefühlen nicht hatte ausleben dürfen, konnte ich nun auf diesen kleinen Burschen übertragen.

Leider musste ich nach nur sechs Monate den kleinen Wastl wieder hergeben. Wegen eines geplanten Skiurlaubs, wurde er, ohne mein Wissen oder ein vorbereitendes Gespräch, an einen anderen Besitzer vermittelt. Ich befand mich damals, für mich noch nicht erkennbar, in einer Partnerschaft, in der meine Selbstbestimmung unbeachtet blieb. Ein Hund schränkte die Freiheiten meines Freundes zu sehr ein, und möglicherweise spielte Eifersucht auf meine emotionale Bindung zu Wastl eine Rolle. Sicher ahnte mein Partner, dass ich Wastl, vor die Wahl gestellt, nicht wegen eines Urlaubs zurückgelassen, sondern bei ihm geblieben wäre oder ihn mitgenommen hätte.

Ich wurde völlig überraschend mit dieser Entscheidung konfrontiert und hatte gerade noch ein paar Minuten Zeit, mich von meinem Hund zu verabschieden. Wieder ein einmal war ich wie erstarrt und nicht in der Lage Wut zu entwickeln, sondern zog mich in meinen inneren Schmerz zurück.

Mich quälte nicht nur die Rücksichtslosigkeit des Verhaltens, sondern auch das Bewusstsein, meinen kleinen Seelentröster im Stich gelassen zu haben. Zum ersten Mal im Leben erfuhr ich, wie es sich anfühlt, wenn man ein liebgewonnenes Wesen loslassen muss. Ich wünschte ihm so sehr einen lieben Menschen, der mehr Zeit, Souveränität und Mut hatte als ich und der ihm ein glückliches Zuhause würde bieten können.

Auch wenn diese Erfahrung traumatisch war, ließ sie mich stark werden und eine Sicherheit zu entwickeln, in schwierigen Situationen nicht den Boden unter den Füssen zu verlieren, sondern Negatives zu akzeptieren und loszulassen. Außerdem lernte ich, dass man im Leben nichts festhalten kann. Wenn eine schwierige Situation ausweglos erscheinen mag und momentan unverständlich ist, kann man oft im Nachhinein erst erkennen, was sie bedeutete.

Was mache ich, wenn sich meine Lebensumstände ändern und ich mich durch Trennung, Krankheit oder Todesfall plötzlich nicht mehr um meinen Hund kümmern kann?

- Nicht nur ich muss eventuell meinen Hund loslassen, sondern auch mein Hund muss mit dem Verlust zurechtkommen, wenn ich plötzlich als Bezugsperson fehle.
- Auch wenn wir uns solche Szenarien nicht gerne vorstellen, sind unsere Tierheime doch voller Hunde mit Trennungsgeschichten. Ich sollte von Beginn an dafür sorgen, dass im Notfall ein Mensch zur Verfügung steht, zu dem mein Hund eine positive Beziehung hat und der meinen Hund eventuell übernehmen kann.
- Ein Hund kann nicht selbst entscheiden, wohin er möchte, wenn seine Bezugsperson nicht mehr da ist. Deshalb trage ich die Verantwortung, für ihn in einem solchen Fall zu sorgen.

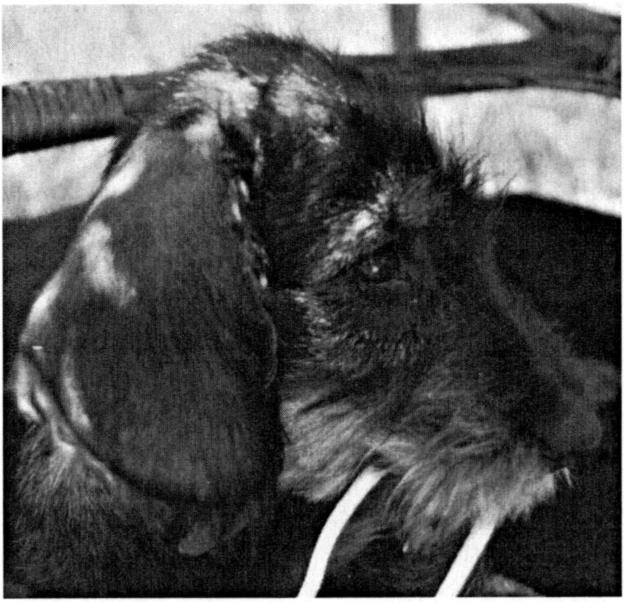

Kapitel 17

Mut zu Fehlern

Ich möchte nicht den Eindruck erwecken, als wäre es das Leichteste auf der Welt, mit einem Hund „perfekt" zurechtzukommen. Im Gegenteil, meist lernen wir erst durch unsere Fehler, wie wir etwas anders machen könnten. Das ist das Gegenteil von Perfektion und beinhaltet eine große Dynamik und Vielfalt. In meinem Leben gibt es keine unumstößlichen Regeln und Vorschriften. Eigentlich möchte ich niemandem, insbesondere nicht mir selbst, etwas vorschreiben. Ich möchte mit diesem Buch vielmehr aufwecken und bewusst machen, dass man es immer selbst in der Hand hat, wie sich das eigene Leben entwickelt. So auch in der Beziehung zu einem Hund. Nicht nur mein Hund zeigt mir, wie ich bin, alle Ereignisse und Herausforderungen in meinem Leben legen mir das nahe und weisen so den Weg, was ich daraus über mich selbst lernen soll. Ich möchte dazu anregen, nicht blind alle Erwartungen zu übernehmen, sondern selbst nachzudenken, zu beobachten und sich die Freiheit zu nehmen, anders zu sein. Gerade in der Hundehaltung und -erziehung gibt es so viele Normen und Standards, die man der gängigen Meinung nach befolgen muss, wenn man einen idealen Hund bekommen will.

Doch dieser existiert eben nun einmal nicht und ich würde ihn auch gar nicht wollen. In der Beziehung zu meinen Hunden orientiere ich mich an dem, was sie mir über ihre Bedürfnisse mitteilen und was mir mein

Bauchgefühl sagt. Nur weil alle anderen Hundebesitzer etwas auf eine gewisse Weise tun, heißt das noch lange nicht, dass es für meinen Hund und mich das richtige ist. Solange wir im Alltag sicher zurechtkommen, muss ich nicht unbedingt eine Begleithundeprüfung ablegen, vor allem dann nicht, wenn es keinem von uns Spaß macht. Solange mein Hund gesund und gut ernährt ist, muss ich nicht unbedingt das Futter einer bestimmten Marke kaufen, nur weil die Hundeschule diese empfiehlt. Solange es keine Komplikationen gibt, muss ich meinen Hund nicht unbedingt kastrieren lassen. Und schließlich müssen wir nicht unbedingt immer alles nach Lehrbuch machen, solange unsere Hunde und wir selbst in unserem Leben zufrieden sind. Stattdessen genügt es, wenn wir der natürlichen Intuition des Hundes – und unserer eigenen – folgen. Mir ist bewusst, dass all dies von manchen Hundebesitzern, Trainern oder Ratgebern als falsch angesehen wird, doch auch wenn das so sein mag, bin ich stolz darauf, nicht perfekt zu sein.

Ich kann nur aus der Sicht einer Hundebesitzerin und Züchterin schreiben, bin aber überzeugt, dass meine Erkenntnisse auch auf viele andere Tiere zutreffen, die sich auf ähnliche Weise dem Menschen zuwenden können, also beispielsweise Katzen oder Pferde. Auch sie sind zu einer vergleichbar intensiven Beziehung fähig. Sicher wäre es hier interessant zu erforschen, aus welchem Gründen wir mit einem bestimmten Tier zusammen sein möchten. Ich gehöre auf jeden Fall in die Kategorie „Hundemensch". Denn Hunde sind mir mit ihrem Sozialverhalten und ihren Bewegungsbedürfnissen sehr nahe. Ich verstehe sie, und sie verstehen mich. Ein Hund, der einen Menschen ein Stück seines Lebens begleitet, ist eine Bereicherung, die nicht nur den Alltag belebt, sondern auch gesund machen kann, körperlich ebenso wie seelisch.

Kapitel 18

Ein Hundeleben

Als Züchterin erlebe ich es immer wieder, wie die Freude, den langerersehnten Welpen endlich mit nach Hause nehmen zu können, die Menschen verändert. In den ersten Wochen knüpft sich dann aus tiefer Verbundenheit, Vertrauen und Liebe ein enges Band. Der Gedanke, dass man nur einen Lebensabschnitt miteinander verbringt, der mit etwas Glück 13 oder 14 Jahre dauert, wird dabei leicht verdrängt. Leider ist es aber eine Tatsache, dass ein Hundeleben nicht länger als höchstens 15 oder 16 Jahre dauert. Das Gefühl, dass alles endlich ist, tritt erst viel später auf, beispielsweise wenn der Hund krank wird oder wenn man spürt, dass er altert. Wir haben lediglich die Chance, die Zeit zu genießen, die uns mit dem lieben und treuen Freund vergönnt ist, und müssen dankbar dafür sein, was wir mit ihm erleben dürfen. Ein Wesen, das mir bedingungslose Liebe entgegenbringt, ist ein großes Geschenk und mein bester Lehrmeister. Von einem Hund kann ich Geduld, Rücksicht, Anteilnahme, Mut, Hingabe und Demut lernen, alles Eigenschaften, die dem Menschen den Weg zu sich selbst ermöglichen.

Ich möchte bei dieser Gelegenheit aber auch das Thema Einschläferung ansprechen. Denn ebenso wie ich für das Leben meines treuen Freundes verantwortlich bin, verantworte ich sein Sterben. Ein Hund kann sich nicht verbal äußern, wenn es ihm schlecht geht, und die meisten Hunde würden sogar noch unter größten Schmerzen ihrem Besitzer folgen. Zu entscheiden, wann genau der

Zeitpunkt gekommen ist, an dem ich im Alter dem Leiden meines Hundes ein Ende setze und ihn damit erlöse, ist immer schwierig. Ist mir mein Hund aber sehr nahe, dann gibt er mir ein Zeichen, wann ich es tun sollte. Dazu muss ich mich aber von meiner Trauer über den bevorstehenden Verlust frei machen.

Die Maßgabe für solche Entscheidungen sollte sein, dass es nur um das Wohlergehen des Hundes geht und nicht um die eigenen Gefühle. Ich finde es grausam, wenn Menschen das Leben ihres Hundes qualvoll in die Länge ziehen, weil sie sich persönlich der Trennung nicht gewachsen fühlen. Doch das sollte man in dieser Situation ausblenden und sich der Tatsache stellen, dass man jetzt loslassen muss. So wie der Hund mir seine Treue entgegenbringt, muss ich mir dann ein Beispiel an ihm nehmen und meine Trauer zurückstellen. Alles andere wäre egoistisch und würde einem so aufopferungsvollen Wesen nicht gerecht.

Als ich bei meinen Hund Lukas vor diesem Schritt stand, wusste ich schon vor dem Tierarzttermin, dass ich den Hirntumor, an dem der vierzehnjährige Hund litt, nicht weiter behandeln lassen würde. Lukas sollte also in der Praxis sanft einschlafen. Mit meinem einjährigen Sohn im Arm brachte ich meinen alten, schmerzgeplagten Hund zum Tierarzt – für mich ein unglaublich trauriger und gleichzeitig sehr inniger Moment. Ich rate jedem Menschen, sich nach der Einschläferung ihres lieben Freundes Zeit zu nehmen und sich in Ruhe von dem Tier zu verabschieden. In der Erinnerung bleiben dann all die schönen Dinge, die man zusammen erlebt hat.

Wenn es also mit einem Tier zu Ende geht, kann ich auch in dieser Situation lernen, über mich hinauszuwachsen. Es ist ein Gebot der Empathie, einen schwerkranken Hund nicht länger leiden zu lassen als nötig, und ich darf die Entscheidung nicht vor mir herschieben, nur weil ich meine, ohne das Tier nicht leben zu können. Ein Hund würde seinen Besitzer niemals leiden lassen, sondern sich demütig in sein Schicksal fügen. In Tierheimen gibt es so viele „trauernde" Hunde, die nach dem Tod ihres Besitzers plötzlich heimatlos geworden sind. Sie beklagen sich nicht, sondern warten geduldig, bis jemand sie bei sich aufnimmt. Das sollte uns Menschen ein Beispiel sein und ist vielleicht die wichtigste Lektion, die wir von unseren Hunden lernen können.

Wie kann ich mich leichter von meinem Hund lösen? Nun, ein Hundeleben ist begrenzt auf die Zeit des Kennenlernens, die schönste Zeit des Miteinanderlebens und die Zeit des Alterns und Abschieds. Wenn Ihr Hund also sehr krank ist und Sie vor der Entscheidung stehen, ihn einzuschläfern, sollten Sie sich mit ihrem Gefährten ruhig hinsetzen und ihn fragen, ob er gehen möchte.

Wenn Sie also seine Antwort von ihrem Hund erhalten – und diese werden Sie bekommen! –, dann lassen Sie den guten Freund los und erinnern sich daran, wie sie ihn eines Tages als Geschenk erhalten haben. Jetzt ist der Zeitpunkt gekommen, da sie ihm alles, was er Ihnen an Liebe, Glück und Demut geschenkt hat, in einer gnädigen Entscheidung zurückgeben können. Wenn Sie die Möglichkeit haben, lassen Sie den Tierarzt zu sich nach Hause kommen, oder Sie nehmen Ihren Hund nach der Einschläferung aus der Praxis mit nach Hause und legen ihn dort in sein Hundebett. Er muss nicht sofort entsorgt oder verbrannt werden. Unser Lukas wurde nach dem Einschläfern von unserem Tierarzt liebevoll in eine Decke gehüllt, ich nahm ihn mit nach Hause und legte ihn in seinen Hundekorb. Mein kleiner Sohn, streichelte ihm noch ein paar Mal über den Kopf und sagte in seiner Kindersprache: „Lukas aua, Lukas tot". Auch meine Tochter, damals noch im Kindergartenalter, verstand die Situation und sie verabschiedete sich von ihm auf ihre Weise. Erst am späten Nachmittag legten wir ihn in sein Grab im Garten und trotz der Trauer, war es auch gut zu wissen, dass er nun keine Schmerzen mehr hatte. Das liegt nun schon so lange zurück, aber die Erinnerung daran bleibt lebendig, weil wir es miteinander so intensiv erlebt haben.

Ein verstorbenes Lebewesen strahlt in vielen Fällen großen Frieden aus, und Sie können sich bei dieser Art der Verabschiedung behutsam daran gewöhnen, dass Ihr Gefährte Sie nun nicht mehr begleitet. Die Eindrücke und Bilder, die Sie in Ihrer Erinnerung aufbewahren, helfen Ihnen, die Trauer und den Verlust Ihres Tieres besser zu verarbeiten.

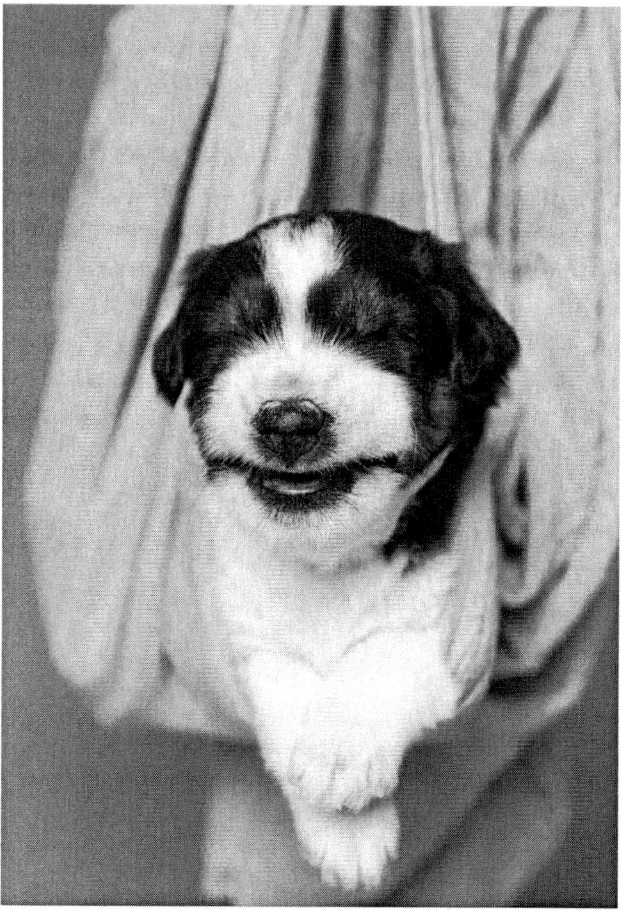

Kapitel 19

Das Lächeln deines Hundes

Hundeexperten haben beobachtet, dass Hunde ein Lächeln zeigen können. Dieses Verhalten gibt es bei Wölfen in diesem Sinne nicht. Das Hochziehen der Lefzen bedeutet dort ausschließlich eine Drohgebärde, die in Konfliktsituationen oder bei Angst eingesetzt wird, um einen Gegner zu warnen. Auch bei meinen Hunden kann ich beobachten, dass sie diese Mimik nutzen, wenn sie beispielsweise einem zu aufdringlichen Hund mitteilen wollen, er solle lieber auf Abstand gehen.

Doch Hunde zeigen dieses Verhalten auch zur Spielaufforderung oder wenn sie freundlich erscheinen wollen, allerdings im Umgang mit Menschen, nicht mit anderen Hunden. Es wirkt dann auf uns nicht bedrohlich, sondern so, als ob der Hund den Menschen anlächelte. Dieses Phänomen ist noch nicht wirklich erforscht oder gar wissenschaftlich nachgewiesen worden. Auch ich kann mich hier nur auf persönliche Beobachtungen bei meinen eigenen Hunden stützen. Im täglichen Zusammenleben fällt mir dieses „Lächeln" aber immer wieder auf, bei Dorle, wenn sie entspannt ist und sich streicheln lässt, und bei Anou, wenn sie mir mit einem lächelnden Gesicht entgegenläuft und ihre Freude kaum im Zaum halten kann. Ich kann nicht erklären, wie dieses Verhalten zustande kommt, aber ich kann bezeugen, dass meine Hunde die Mimik der hochgezogenen Lefzen gegenüber Menschen nicht als Drohung einsetzen, sondern ganz im Gegenteil als eine Art Lächeln, das ihre entspannte, fröhliche Stimmung ausdrückt.

Vielleicht sind wir Menschen dafür verantwortlich, dass sich dieses Verhalten beim Hund entwickelt hat. Ich selbst hatte, nachdem Dorle bei uns lebte, ein Dauerlächeln im Gesicht. Es machte mich unglaublich glücklich, in die schönen Augen dieser kleinen Hündin zu sehen. Auch wenn bei uns Welpen geboren werden, erstrahlen unsere Gesichter, und selbst Besucher schließen sich diesem sehr menschlichen Verhalten an. Übergebe ich dann die Kleinen endgültig an ihre neuen Familien, dann blicke ich immer in glückliche, lächelnde Gesichter. Unsere Hunde sehen uns also schon vom Welpenalter an oft lächeln.

Möglicherweise ist diese Prägung mit der Sprachentwicklung eines Kindes zu vergleichen. Ahmen wir beim Anblick eines Babys die Laute des Säuglings nach, bekommt dieser eine positive Rückmeldung und wird motiviert, unser Verhalten zu kopieren. Ich bin der Überzeugung, dass meine Hunde es ganz genau verstehen, was es bedeutet, wenn ich sie anlächele, und sie reagieren mit Freude oder Zuwendung. Auch wenn ich nicht sicher sein kann, ob sie wirklich ein Lächeln erwidern, erkenne ich doch auf jeden Fall die positive Reaktion in ihrem Gesichtsausdruck.

Nachwort

Erkenne das Wesentliche

Wir haben nun viel über Reflektieren und Lernen geschrieben. Das Ziel ist es letztendlich, den Kern der Persönlichkeit des anderen zu erkennen und ihn als solches zu akzeptieren. Auch wenn das so einfach klingt, ist es die schwierigste Aufgabe. In diesem Lernprozess der Selbsterkenntnis kommt man dem eigenen Wesenskern sehr nahe. Dies ist eine überaus sensible Phase, in der man sehr verletzlich und offen ist, vielleicht nach außen hin unnahbar wirkt, weil diese Entwicklungen im Inneren stattfinden. Häufig ist es gar nicht genau zu beschreiben, welche Vorgänge dabei ablaufen, man merkt es nur daran, dass man sich zurückzieht und sehr empfindlich auf Einflüsse von außen reagiert.

Was andere Menschen vielleicht nicht verstehen oder akzeptieren können beziehungsweise wollen, ist für einen Hund selbstverständlich. Er lässt mir als Mensch so viel Zeit für diese Lebensphase, wie ich brauche. Deshalb ist es so schön und hilfreich, einen solchen Freund und Therapeuten an seiner Seite zu haben.

Ich möchte aber nicht nur von der eigenen Erkenntnis sprechen, sondern auch dem Hund die Möglichkeit geben, seinem eigenen Wesenskern entsprechend zu leben.

Für mich kann mein Hund in meiner Nähe sein und er darf sich nach seinen Bedürfnissen und Eigenschaften entwickeln. Um dies zu erreichen, bedarf es einer Öffnung für das Thema der Reflektion beider und der Befreiung von Erwartungen. Ist mir klar geworden, was mein Hund für mich bedeutet und welche Muster er eventuell für mich trägt, kann er seine Aufgabe wunderbar erfüllen. Es ist ein Abenteuer, sich auf die Natur seines Hundes einzulassen und dieser Raum zu verschaffen. Ein Begleiter, der mir mit solcher Hingabe überallhin folgt, hat genau diesen Respekt verdient.

Ich wünsche mir Mensch-Hund-Beziehungen, in der beide miteinander leben und sich gegenseitig stützen und helfen, ohne für den anderen etwas zu übernehmen. So wie ich mir überhaupt freie Beziehungen wünsche, zu meinen Kindern, zu meinen Hunden, zu meinem Partner, zu meinen Freunden und zu meinen Patienten.

Silvia Hüllenkremer

Der Hund als Spiegel der Seele

Worauf uns unsere Hunde aufmerksam machen

ISBN: 978-3-95693-022-5

Eva Dempewolf

Abschied nehmen – Trauer um ein geliebtes Tier

Ein Begleit- und Praxisbuch

ISBN: 978-3-95693-012-6